「もしも？」の図鑑

# 幻獣の飼い方
How to keep Fantastic Beasts

監修◆健部伸明　著◆高代彩生

実業之日本社

# もくじ

| プロローグ | 不思議な卵を発見!? | 6 |

幻獣ってなんだろう? ............................................. 10

## 🌍 第1章　陸の幻獣

- サラマンダー ............................................. 14
- ジャック・フロスト ............................................. 16
- 温度系幻獣たち ............................................. 18
- クー・シー ............................................. 20
- ガルム ............................................. 22
- ブラック・ドッグ ............................................. 23
- すねこすり ............................................. 24
- ケット・シー ............................................. 26
- ねこ系幻獣たち ............................................. 28
- アメミット ............................................. 30
- アルミラージ ............................................. 32
- ラタトスク ............................................. 33
- マンティコア ............................................. 34
- 動物系幻獣たち ............................................. 36
- 🪽コラム 幻獣とBBQに行こう! ............................................. 38
- ドラゴン ............................................. 40
- ペーガソス ............................................. 42
- グリフォン ............................................. 44
- ヒッポグリフ ............................................. 45

2

巨大な有翼幻獣たち ......................................... 46

神性/魔性をそなえた有翼幻獣たち ......................... 48

コラム 幻獣に乗って空中散歩をしよう ...................... 50

# 第2章　水辺の幻獣

カプリコルヌス ................................................. 52

牛鬼 ............................................................... 54

ケルピー .......................................................... 56

アーヴァンク ..................................................... 58

バハムート ....................................................... 60

アッコロカムイ .................................................. 62

ヴォジャノーイ .................................................. 64

水生幻獣たち ..................................................... 66

コラム 幻獣と海へ行こう ..................................... 68

# 第3章　麗しの聖獣

朱雀 ............................................................... 70

四凶 ............................................................... 72

獏 ................................................................. 74

夢魔 ............................................................... 76

虹蛇 ............................................................... 77

ムシュフシュ .................................................... 78

白澤 ............................................................... 80

バロン ............................................................ 82

3

聖なる幻獣たち.................................................................84

十二支之獣.......................................................................86

コラム　幻獣と仲良く暮らすために...............................88

## 第4章　友だちになろう

マンドラゴラ..................................................................90

座敷わらし......................................................................91

スフィンクス..................................................................92

ケンタウロス..................................................................93

ケツァルコアトル...........................................................94

天使...............................................................................95

ハルピュイア..................................................................96

アマビエ.........................................................................97

人魚...............................................................................98

ピクシー.........................................................................99

天狗.............................................................................100

鬼.................................................................................101

人狼.............................................................................102

吸血鬼..........................................................................103

エピローグ　そして家族の一員に…….........................104

取材を終えて日が暮れて...............................................106

幻獣研究の今後のために...............................................107

幻獣マップ....................................................................108

さくいん......................................................................110

# この本の使い方

**❶ 幻獣の名前**

**❷ 飼育の様子**
どんな幻獣なのかをイラストとともに紹介します。

**❸ どう飼えばいいの？**
左のページで紹介した幻獣のくわしい飼い方などを解説します。

**❹ 基本情報**
体の大きさや、生態についての特徴など、その幻獣の基本的な情報を紹介します。

**❺ 飼うときにとくに必要な費用**

**❻ 飼いやすさパラメータ**
幻獣ごとに「なつきやすさ」「危険度」「凶暴性」「体の大きさ」「意思の疎通」「食事量」の6項目を1～5の数値で判定しました。体は小さいけれど危険な力をもった幻獣、逆に大きいけれど賢くおとなしい幻獣など、このパラメータで自分にぴったりな幻獣をさがしてみましょう。

# 幻獣ってなんだろう？

君たちは幻獣と聞いて、どんなものを思いうかべるだろう？　なんだかわからない正体不明の怪物？　そのイメージはじつは正解。幻獣にはいくつかの異なる意味があって、どんな辞書をひいても、ちゃんとした答えはのっていないのだから。細かく分けていくとキリがないが「幻獣」の意味はおもに次の3種類。

❶心にとりつく霊的な存在
❷不思議な生き物全般
❸動物をベースとしたモンスターの分類名

「幻獣」という言葉はいろいろな使われ方をしてきたので、イメージや意味も変幻自在であり一定していない。そんななか、この『幻獣の飼い方』では、いちばん広い意味である「不思議な生き物全般」を採用し、古今東西のさまざまな超自然的な存在をあつかうことにする。そのため妖怪、妖精、怪物（モンスター）、聖獣や神獣などもとり上げている。

### 幻獣

**妖怪**
ねこまた (p.28)
東洋の伝承で語られる
ばけものなど霊的な存在

複数の動物を組み合わせ
たような姿や、不思議な
力をそなえた生き物たち
ペーガソス (p.42)

**妖精**
フラワー・
フェアリー
(p.18)
おもに欧米に伝わる霊的
で人型の不思議な存在

**怪物（モンスター）**
ドラゴン (p.40)
おそろしい見た目や力や
巨体をほこる異形の存在

**聖獣・神獣**
朱雀 (p.70)
神そのものや神の使い
など、聖なる生き物

## 幻獣のルーツ

そんな広い意味でいう「幻獣」とは、どれぐらい昔から存在しているのだろう？
じつは、少なくとも２万年前のラスコー洞窟（フランス）にそのヒントがある。洞窟内に、牛や馬などの壁画に交じって、大きなツノの〈一角獣〉や、体が人間で頭が鳥の〈鳥人〉の絵がえがかれていたのだ。それらは現代のわれわれ人類の仲間であるクロマニョン人がえがいたもので、つまり幻獣は、はるか昔から人間とともに存在し続けてきたのだ。最近ではインドネシアでも〈鳥人〉らしき壁画が発見され、それはなんと４万〜５万年前のものだという。

## 幻獣の能力

そんな幻獣は、通常の動物たちと一体どこがちがうのだろうか？
一番に挙げたいのは、自然界のルールから外れた部分があるということ。たとえばとんでもなく大きな体の幻獣は、ふつうの動物だったら自分の重さでつぶれてしまうほどのスケールだったりして、骨格や筋力以外の不思議な力で体重をささえたり、飛んだりする。食べ物についても、肉・魚・草などの動植物ではなく、ふつうの動物は食べないような金属や精神エネルギーをとり入れたりもする。
非現実的なまでの腕力、キバ、ツメ、毒、酸、炎その他の強力な攻撃手段や、幻覚を見せる、変身する、姿を消す、瞬間的に遠くへ移動する、過去や未来や遠くのものごとの真実を知る、などの魔法的な能力をもっているものも多い。
そんなわけだから絶対に敵になんかしたくない。平和第一。逆に友だちになれたなら、こんなに心強いことはない。

サンダーバード (p.49)

ケルピー (p.56)

獏 (p.74)

# 🐾 幻獣と暮らそう

　科学が発達した現代では、幻獣はすっかりいなくなってしまったと思うかもしれないが、案外そうでもない。幻獣たちしたたかで、うまく姿をかくしている。さらにはテクノロジーを使いこなす機械精霊のような新種族も生まれつつあるという話だ。だから真実を見通す素直な心で、さがすべきところをさがせば見つかるはずだ。

　おそらくそこは、ぼくらのこの世界からは、ちょっとだけズレている異世界。洞窟の奥、うっそうとした森林の先、山の向こう、はたまた海のなかや、空のかなた。あるいはふり向くと見えなくなる真後ろ、暗い物かげ、夕暮れ時、月夜の晩などに、その異界への道が開かれる。

　ただし幻獣は見つけたあとのほうが問題で、強かったり凶暴だったりするものも多いので、おこらせたら大変だ。攻略法は種族によってそれぞれちがうけれど、はじめから戦うのではなく、相手を大事にする気もちで接していこう。

　科学技術は、幻獣たちと相性が悪いように思うかもしれないが、これもじつはカンちがい。うまく活用すれば、むしろ仲良くしてくれたり、快適な暮らしをあたえてくれたりする。

　これから大きく4つの章に分けて幻獣といっしょに暮らす方法を説明していく。第4章は知能が高い人型の幻獣とのつきあい方を紹介しているので、飼い方というよりは友だちになる方法と思ってほしい。幻獣との生活は、確実にあなたの生活をゆたかにしてくれる。

　きっと、今まで経験したことのないすてきな人生が待っていることだろう。では、楽しんで！

# 第1章

## 陸の幻獣

翼があり空を飛ぶものもふくめて、幻獣の多くは陸上に暮らしている。
犬やねこのように家の中でいっしょに暮らせる幻獣も多いぞ。

陸の幻獣 01

星の模様がかわいい炎の精霊

初心者向け精霊

# サラマンダー

- 極彩色でサンショウウオに似た姿
- 背中に星型の斑点
- 火を食べて、もえにくい皮膚をつくる
- 口から吐く毒に人間がふれると、毛がぬけて水ぶくれができる
- 成体
- 卵
- 幼虫
- 蛹

## 基本情報

| | | |
|---|---|---|
| 体長 15〜20cm | 体重 10〜20g | 寿命 10〜30年 |
| 伝承地 ドイツなどヨーロッパ各地 | 特性 火 🔥 | |

生態・特徴　火を司る精霊。手のひらサイズのトカゲやドラゴン(p.40)のような姿で、燃える炎や溶岩の中にすむ。昆虫のように卵→幼虫→蛹→成体へと成長する。

第１章　陸の幻獣

# どう飼えばいいの？

## 🌏 すみかを用意しよう

炎や溶岩の中にすむため火が欠かせない。家庭サイズの焼却炉や溶鉱炉があれば望ましいが、なければ暖炉や薪ストーブでもいいだろう。火を絶やさないように大量の燃料と、24時間態勢で火の番をする必要がある。引火しないように周囲にもえやすい物は置かないように。防火ガラスで炉の入口を保護するのもいいが、サラマンダーの繭でつくられた布は決してもえないため、ぜひゲットして防火服を仕立て、サラマンダーとのふれあいを楽しんでほしい。

## 🌏 何を食べるの？

蛾の幼虫やコオロギなど、冷凍された市販のトカゲ用のエサでOK。解凍してから、焼肉用のトングで目の前に出し、生きているように小きざみにゆらすと食いつくぞ。満足すれば反応しなくなるのでそこで終了。頻度は数日に一回でいい。
ふだんはおとなしいが捕獲時はすばやいため、飛び散る炎と毒に注意。エサをあげるときは耐熱性のミトンをつけよう。

## 飼い方まとめ！

体も小柄で、基本的に炎の中でじっとしているため、火のあつかいにさえ気をつければ、ともに暮らすのもそうむずかしくはない。携帯用溶鉱炉（3万円位）があれば、いっしょに野外でBBQも楽しめるぞ。

飼いやすさ／なつきやすさ／危険度／凶暴性／体の大きさ／意思の疎通／食事量

飼育費用
暖炉や薪ストーブの設置費　約160万円
薪代　約4万5000円／月
食費（虫類）　約3000円／月

陸の幻獣 02

イタズラ好きな霜の精

# ジャック・フロスト

初心者向け精霊

- 小人だったり白髪の老人だったり雪だるまだったり姿はさまざま
- 無邪気で子どものような性格
- ツララがたれ下がったまっ白な衣装

## 基本情報

| | | | |
|---|---|---|---|
| 体長 | 100〜150cm | 体重 | 20〜50kg |
| 寿命 | 3〜4か月（冬季限定） | | |
| 伝承地 | イングランドなどヨーロッパ各地 | 特性 | 霜 ❄ |

生態・特徴　紅葉とともにあらわれ、冬を告げる霜の妖精。イタズラ好きで無邪気だが、おこらせると相手を氷づけにしてしまうなど、意外とこわい。

16

第1章　陸の幻獣

# どう飼えばいいの？

## とけてしまわないの？

普通は冬季の数か月しか生きられないこの精霊といっしょに暮らすには、その体をとかさないため、低温をたもてる環境が不可欠。赤道付近など、冬が存在しない地域で暮らすのは厳禁だ。北極や南極が理想だが、四季のある環境ならなるべく高緯度がよい。冷蔵倉庫では人間が暮らせず、家庭用冷凍庫では身動きがとれないので、専用の部屋として大型の冷凍コンテナを用意し、人間用にはかまくらやイグルー（ドーム型の雪の家）を設置しよう。

## じつはアーティスト？

無邪気でイタズラ好きの性格で、紅葉に霜をつけたり、窓にきれいな霜の結晶を残したりと、なかなかこだわりの強いアーティストだ。調子がいいとかん高い笑い声をあげながら寒気をふりまき、あっという間に周囲は霜や氷の芸術作品であふれかえる。防寒具を着こんで野外の個展を楽しもう。子どものようだからとへたにからかうと、いかりの吹雪で氷づけにされるので気をつけたい。

### 飼い方まとめ！

通常の寿命は冬季限定で春が来ると消えてしまうが、つねに寒い環境を用意すればずっと生きていられる。いっしょに暮らすには防寒具が手放せないが、彼の繊細な芸術作品を堪能しよう。

飼育費用　冷凍コンテナ※　約600万円
　　　　　食費　0円（たまにかき氷ていど）
　　　　　電気代　約10万円／月

※レンタルの場合　約15万円／月

17

# 温度系幻獣たち

陸の幻獣 03〜06

## ❸ イエティ

- 体長 約3.3m
- 伝承地 ヒマラヤ
- 特徴・飼い方 毛むくじゃらの雪男。イエティが窓から家に入ると家族が病気になったり体調をくずしたりするため、窓の小さい家にすもう。

ヒグマのような褐色の毛

なつきやすさ／食事量／危険度／意思の疎通／凶暴性／体の大きさ

## ❹ フラワー・フェアリー

- 体長 10〜20cm
- 伝承地 イングランドほか世界じゅう
- 特徴・飼い方 小さな花の妖精。選んだ花にすみ、その世話をする。植物を枯らさないようセットで愛でよう。

トンボやチョウのような羽

なつきやすさ／食事量／危険度／意思の疎通／凶暴性／体の大きさ

第1章 陸の幻獣

サラマンダーやジャック・フロストはじめ、温度や季節をあやつる幻獣は比較的飼いやすい。いっしょに暮らしながら四季を感じるのも楽しいぞ。

吐き出す炎の温度は約1000℃

❺ ファイヤー・ドレイク

体長 約15m　伝承地 イングランドほか世界じゅう
特徴・飼い方 翼をそなえ、口から火をふく竜。夜行性で、炎をまとって空を飛ぶ。財宝をどろぼうから守ってくれるので、昼間は寝かせてあげよう。

カブにとりついた姿

❻ ジャック・オ・ランタン

体長 30〜50cm　伝承地 アイルランド　特徴・飼い方 なまけ者の死者の魂がカブやカボチャにとりついてさまよう火の玉。まよわないよう道案内してくれるので夜の散歩も安心。

陸の幻獣 07

緑色の毛がチャームポイント

# クー・シー

犬系幻獣

ほえるとすさまじく、遠くからでも聞こえる

背にむけてカールしていたり三つ編みをたらしたりと、しっぽがおしゃれポイント

足跡は人間の手のひらサイズ

## 基本情報

| 体長 | 約180cm | 体重 | 約200kg | 寿命 | 最長20年 |
| 伝承地 | スコットランド | 特性 | 妖精 | | |

生態・特徴　全体的に深緑色をした、長毛の巨大な妖精犬。ほとんどほえないが、たまに3回続けてほえることがあり、3回目の前に耳をふさがないと命にかかわる。

第1章　陸の幻獣

## どう飼えばいいの？

### 広い牧場とねぐらを準備

自由にかけ回らせる必要があるため、場所は高原の牧場などが最適だ。ほえるのはごくまれだが声が大きいので、近所にほかの家がない静かな自然環境がよい。犬小屋の代わりに塚（丘）を用意しよう。岩室をねぐらにするのが好みなので、丘にいくつか巨石を積んであなぐらをつくってやるとよろこぶ。なければ大きな洞のあるナラの大木でもOK。人の姿をした妖精と散策に出たりもするので、その妖精も泊まれる大きさがいいだろう。

### 黄金の鎖をゲットせよ！

とてもかしこく、人間と同等の知性をそなえたクー・シーを手なずけるには、黄金の鎖でつなぐことが必須。そうしないと暴走してしまう。ちゃんと制御できれば「ねむった王女を乗せてもずっと起きなかった」という記録があるくらい、振動の少ない快適なライドが楽しめる。また魔法の火打ち石があれば、金・銀・銅貨をとってきたり、にらみを利かせて外敵から守ってもらえるぞ。

## 飼い方まとめ！

ふだんはおとなしいが、おこらせると命とりになりかねないため、ふわふわの長毛を愛でながら、静かに暮らすのがよいだろう。最初の費用はかかるが、仲良くなれば割とすぐに元がとれそう。

飼育費用
牧場地（設備込）　2500万〜4000万円
黄金の鎖（約5m/7.7kg）　約7700万円
食費（ドッグフード）　16万5000円/月

※金1g＝1万円換算（時価）

陸の幻獣 08

冥界の番犬

# ガルム

冥界の犬系幻獣

手や喉をかみちぎるほどのするどいキバ

オオカミに似た大きな前足

胸のあたりが死者の血で染まっている

## 基本情報

体長 80〜100cm　体重 20〜50kg
寿命 10〜15年　伝承地 北欧　特性 闇

生態・特徴　北欧の冥界ヘルヘイムの番犬。冥府の門の前につながれており、冥界へ近づく者を遠ざけ、にげようとする死者を見はる。世界の終わりが近づくとはげしくほえる。

飼い方　凶暴なので、制御するには重く長い鉄の鎖が必須。家の前につないでおけば、かしこい番犬として信頼できる。

飼育費用　鉄製の鎖(10m) & 首輪　約1万円
食費(ドッグフード)　1万5000〜3万円/月

飼いやすさ

なつきやすさ・食事量・危険度・凶暴性・体の大きさ・意思の疎通

22

第1章 陸の幻獣

陸の幻獣 09

漆黒の守護犬

# ブラック・ドッグ

冥界の犬系幻獣

- 全身ふさふさの黒毛の長毛
- キバの間から硫黄のにおいがする炎が見えかくれ
- ツメ音をたてずに歩く

## 基本情報

| 体長 | 100〜120cm | 体重 | 40〜60kg |
| --- | --- | --- | --- |
| 寿命 | なし | 伝承地 | イングランド | 特性 | 闇 |

**生態・特徴** 夕暮れ〜夜に、過去にむごたらしい事件のあった場所や、不幸が起こる前ぶれにあらわれる妖犬。自分に縁のある人間は守るが、それ以外の人は死へと導く。

**飼い方** 一対一だと身の危険があるため散歩は必ず複数人でおこなうこと。護身用の十字架を身につけつつ、餌づけなどで仲良くなれば、番犬として家族を守ってくれるぞ。

**飼育費用** 食費（ドッグフード） 3万〜4万5000円/月

飼いやすさ
なつきやすさ
食事量 　　　　危険度
意思の疎通　　　凶暴性
体の大きさ

23

陸の幻獣 10

つねにすりすり

# すねこすり

ねこ系幻獣

犬なのかねこなのか
よくわからない姿

暗くじめっとした
ところが好き

体はつねに
雨でぬれている

## 基本情報

| 体長 | 約40cm | 体重 | 3〜6kg | 寿命 | 約30年 |

伝承地　日本（岡山県など）　特性　妖怪

生態・特徴　犬やねこのような小動物の姿をしている。雨のふる夜に山道を歩いていると、足の間を通りすぎまとわりつく。

第1章　陸の幻獣

## どう飼えばいいの？

### 🌏 水びたしにご注意

人間と同じ環境で暮らしていけるが、雨と夜、山道を好むため、日照時間が少ない土地の山のふもとにすむと快適にすごせるだろう。フローリングの部屋がおすすめ。したたる水をモップやぞうきんで手軽にふけるようにしておかないと、ゆかがすぐにくさってしまう。ソファやじゅうたんはカビが繁殖しやすいので厳禁だ。室内乾燥機もあるとよい。夜に散歩に出られるよう、戸口に専用の小さな出入口をつけてあげよう。

### 🌏 すねこすりの仲間

すねこすりの仲間に、夜道で人の股を何度もくぐりぬけていく「股くぐり」がいる。こちらは、すねこすりよりアクロバティックに甘えてくるので、コミュニケーション次第では曲芸をしこめそうだ。

### 飼い方まとめ！

人なつっこく甘えんぼうなので、なでてしっかりかわいがること。足元にからんでくるので誤ってふまないよう注意が必要だ。湿気対策とふき掃除に気をつけ、犬ねこ用のエサやミルクを用意しよう。

飼育費用　ペットドア　2000～3000円
　　　　　食費（ペットフード）　3000～5000円/月

25

ねこの王様

# ケット・シー

ねこ系幻獣

犬ほどの大きさ

色は黒く、胸元に白い斑

## 基本情報

| 体長 | 60〜100cm | 体重 | 8.6〜13kg | 寿命 | 10〜20年 | 伝承地 | スコットランド |

特性　闇、妖精

生態・特徴　スコットランドのゲール語で「ねこ妖精」もしくは「塚のねこ」という意味。ねこの王で、2匹の白ねこを連れていたりもする。基本的に警戒心が強いが、信用した人間にはなつく。

第1章 陸の幻獣

## どう飼えばいいの？

### 王様には快適なすまいを

普通のねこと同じく寒がりなので薪をくべる暖炉を用意しよう。まちがっても手軽にキャンプ用の薪ストーブで済まさないように。鋳物のどっしりしたタイプか、立派な建付け型の暖炉にしよう。王族とともに暮らすのだから、優雅な空間を演出するためにそこはケチってはいけない。やわらかいクッションもあると、その上でくつろぐだろう。あつかいに満足すると「妖精がここで集会をしたがってるから早く寝たほうがいい」などと助言してくれる。

### ごはんはどうすればいいの？

ペットショップなどで売っているキャットフードでOK。ただし、ねこにしては大型で食べる量も多く、家来の白ねこを2匹連れてくることがあるので、エサはたくさん用意しておきたい。とくにミルクが好物で、仲良くなるとおねだりしてくるので、ホットミルクも必須。満足のいくもてなしをすれば、外出するとき出入口として使う暖炉の灰の中に、銀貨を置いていってくれるぞ。

### 飼い方まとめ！

ほこり高きねこの王族には、丁重なもてなしとくつろぎの空間が必要。満足すれば富をもたらしてくれるが、乱暴にあつかうとひっかかれてケガをするだけでなく、悪運までついて回るので注意しよう。

**飼いやすさ**

なつきやすさ・危険度・凶暴性・体の大きさ・意思の疎通・食事量

**飼育費用**
暖炉（設置費用ふくむ）　約200万円
薪代　約4万5000円／月
食費（キャットフード）　1万2000～1万5000円／月

# ねこ系幻獣たち
陸の幻獣 12〜16

## ⑫ グリマルキン
- 体長 40〜50cm
- 伝承地 アイルランド、イングランド
- 特徴・飼い方 ねこの女王。無礼を働くと家来のねこたちにおそわれるため丁重にあつかおう。

- 魔女の使い魔
- 肉食で、牛や羊など1頭食べてしまう

なつきやすさ／食事量／危険度／意思の疎通／凶暴性／体の大きさ

## ⑬ マタゴ
- 体長 20〜30cm
- 伝承地 南フランス
- 特徴・飼い方 毎食最初の一口をあげると、翌朝まくら元に金貨をくれる。

- 大きな黒ねこに似ている

なつきやすさ／食事量／危険度／意思の疎通／凶暴性／体の大きさ

## ⑭ ねこまた
- 体長 60cm〜2.8m
- 伝承地 日本
- 特徴・飼い方 年老いた飼いねこが化けた妖怪。好物は行灯に使われるイワシの油。

- ふたつに分かれたしっぽ
- 人のような姿にも変身できる

なつきやすさ／食事量／危険度／意思の疎通／凶暴性／体の大きさ

28

第1章　陸の幻獣

魔女の相棒としても活躍し、超自然の力と相性がいいため、ねこがベースの幻獣は多い。いずれも気位が高いので、おねこ様として丁重にもてなす必要があるぞ。

⑮ スクラッチ・トム
- 体長　約120㎝
- 伝承地　スコットランド
- 特徴・飼い方　この幻獣の体をひっかくと、日光や月光をあやつれる。菓子パンが大好物。

菓子パンをあげるとついてくれる

翼もないのに空を飛ぶ

⑯ キャス・パリューグ
- 体長　100〜150㎝
- 伝承地　ウェールズ、フランス、スイス
- 特徴・飼い方　豚から生まれた。誠実でないとするどいキバとツメで引き裂かれるので注意。竪琴を聞かせてあげれば落ち着く。

海を泳げる

陸の幻獣 17

見た目よりはおとなしい

# アメミット

冥界の合成幻獣

- 名前の意味は「死者を食らう者」
- たてがみと上半身はライオン、頭はワニ、下半身はカバ
- たてがみがあるが、じつは女の子

## 基本情報

- **体長** 約100cm
- **体重** 約120kg
- **寿命** 不死（冥界にいるため）
- **伝承地** エジプト
- **特性** 魔獣
- **生態・特徴** ドゥアト（冥界）にすみ、魂の審判をおこなう天秤ではかった結果、真実の羽根より重かった罪深い死者の心臓を食べる。

30

第1章 陸の幻獣

## どう飼えばいいの？

### すみかは洞窟

ドゥアト（冥界）を再現しよう。ドゥアトには沢山の洞窟があるが、アメミットは魂の審判をおこなう洞窟から出ないうえ、歩き回らないため、1部屋分もあればよい。その入口には、ドゥアトを意味するヒエログリフ（古代エジプトの文字）をえがいてあげよう。そして、食事用に天秤を設置する。一方の皿に真実の羽根を模したダチョウの羽根を乗せ、もう一方を食事皿にする。一度天秤に乗せないと食べないためだ。

### エサを用意しよう

人間の心臓を用意するわけにはいかないので、1日1回お肉屋さんで売っているハツをあげよう。人間の心臓の大きさに近い豚か鶏の心臓があたえやすい。アメミットは生前に罪をおかした人の心臓しか食べないが、動物は人間の道徳の考えで生きていないため、実際に計量しても真実の羽（ダチョウの羽）より重くなるので安心してほしい。なお、牛の心臓は大きすぎてエサと認識してくれない。

### 飼い方まとめ！

散歩はしなくていいので世話も楽だが、女の子なのでたてがみを手入れしてツヤをたもってあげよう。何か判断になやむときに相談すると、よいおこないを教えてくれるので罪のない人生を送れる。

飼いやすさ / なつきやすさ / 食事量 / 危険度 / 意思の疎通 / 凶暴性 / 体の大きさ

飼育費用
天秤（アンティーク品）　3万〜10万円
ダチョウの羽（1枚）　約200円
食費（豚・鶏のハツ 200〜300g）　200〜500円/日

陸の幻獣 18

頭のツノが特徴

# アルミラージ

重歯幻獣

- おでこに1本の黒いツノ
- 長い耳
- 体毛は黄色（黄金）

## 基本情報

- 体長 50〜55cm
- 体重 7〜10kg
- 寿命 5〜6年
- 伝承地 アラビア、インド
- 特性 なし
- 生態・特徴 インド洋にうかぶ「竜の島」にすむ、ノウサギにたツノの生えた幻獣。その姿を見たあらゆる野獣はにげだす。基本的に草食だが自分のフンも食べて栄養をとる。
- 飼い方 暑さと湿気に弱いのでエアコンが必須。散歩のときはハーネスにつなげよう。
- 飼育費用 電気代（エアコン） 3000〜5000円/月
- 食費（ウサギ用ペレット） 約600円/月

### 飼いやすさ

なつきやすさ・危険度・凶暴性・体の大きさ・意思の疎通・食事量

第1章 陸の幻獣

## 陸の幻獣 19

おしゃべりなメッセンジャー　げっ歯幻獣

# ラタトスク

- 名前の意味は「走り回る出っ歯」
- 口が悪い
- すばやく走り回る

○×△○!!
××ロ△!

## 基本情報

体長 22〜27cm　体重 300〜400g　寿命 10〜12年
伝承地 北欧　特性 なし　生態・特徴 北欧神話にて世界樹ユグドラシルにすむリス。世界樹の梢にすむワシ・フレースヴェルグと、根本にすむヘビ・ニーズヘッグの間を行き来して悪口を中継し、2匹のケンカをあおっている。
飼い方 冬眠させないよう20℃以上をたもつ温度管理が必要。危険を感じると悪口で警告してくれるので門番にもなる。
飼育費用 電気代(エアコン) 3000〜5000円/月
食費(リス用のエサ) 約1000円/月

33

陸の幻獣 20 猛獣系幻獣

「人食い」を意味する人面獣

# マンティコア

毒針で相手を刺したり、槍のように発射したりする

あし笛とトランペットの合奏のような声で人語をまねる

ゾウやライオンとは互角だが、それ以外なら何でもたおせる

体は大型のねこ属のようで、牡鹿のように足が速い

## 基本情報

体長 170cm～2.5m　体重 100～300kg　寿命 15～20年
伝承地 インド、イラン　特性 闇
生態・特徴 鼻から恐怖、口から疫病（伝染病）を吐き出す人面獣。狂暴かつ肉食で何でも食べる。キリスト教では悪魔の象徴とされた。

第1章　陸の幻獣

## どう飼えばいいの？

### 🌏 なつかせるには

活発で、どんなに高い壁でもジャンプしてツメで登ってこえてしまう。食欲も旺盛で、むやみに人や家畜をおそうのを防ぐには広大な敷地が必要だ。砂漠やジャングルにすむため、インド、南米、アフリカあたりがオススメ。自然下で暮らすので家などは不要だ。成体は決してなつかないため、飼いならすには生まれたばかりの幼体をつかまえ、ひたすらかわいがれば、なつく可能性がある。危険なしっぽにはおしゃれなカバーをつけよう。

### 🌏 肉好きの食いしんぼう

雑食なので何でも食べるが、やはり肉が大好き。資金に余裕があるなら家畜を用意しよう。とくに食いつきのいい豚を敷地内に放牧し、生きたまま狩りをさせて満足させるのがいいだろう。得意げにとった獲物をもってくるようになったら、少し大げさにほめてあげよう。ただし幼体から育てた場合、切り身の肉で満足してくれるので安上がりですむ。

### 飼い方まとめ！

とても獰猛で決して飼いならせないといわれるが、幼体のころからたっぷり愛情を注げばいっしょに暮らすのも夢ではない。おなかを見せるほどなついたら、めずらしいことなのでぜひ報告してほしい。

| 飼育費 | 豚牧場（維持費） | 約1億円/年 |
| --- | --- | --- |
| | もしくは食費（肉） | 約100万円/年 |

35

# 動物系幻獣たち

陸の幻獣 21〜24

## ㉑ ベヒモス

**体長** 500〜1000km　**伝承地** イスラエル
**特徴・飼い方** ゾウやカバに似た陸の巨獣。草食だが大食漢なので広々した牧草地を用意しよう。

## ㉒ カトブレパス

**体長** 約2m　**伝承地** 西エチオピア
**特徴・飼い方** 牛に似た幻獣。動きはにぶいが一撃必殺の眼光を放つ。目が合わなければ平気なのでサングラスを！

## ㉓ トゥルッフ・トゥルウィス

**体長** 150cm〜2m
**伝承地** アイルランド、ウェールズ　**特徴・飼い方** イノシシの王。両耳の間にカミソリ、くし、ハサミをかくしもっているので、散髪してもらおう。

頭が重くいつも下を向いている

毒のしたたる銀の剛毛

第1章 陸の幻獣

動物系幻獣には、何種類かの動物の特徴が出るいわゆるキメラ（合成獣）も多いが、単体の動物を大きくしたようなものもいる。似ているところ、ちがうところをよく観察してみよう。

背中には砂漠が広がる

血に豊穣の力がある

なつきやすさ
食事量
危険度
意思の疎通
凶暴性
体の大きさ

㉔ ドン・クールニャ

体長 約180㎝　伝承地 アイルランド
特徴・飼い方 たくさんの牝牛を引き連れた大きな牡牛。世話の仕方に不満があるとふみつけてくるから注意。

37

# 幻獣とBBQに行こう！

幻獣たちとの暮らしにある程度なれてきたら、親睦を深めるため、みんなでBBQに行くのはどうだろう？　気性の荒い子たちは連れて行くのもむずかしいが、それぞれの特性をうまく生かしてやると活躍できる。見せ場をうまくつくってやれば、おたがいの力をみとめ合う、いい機会になるにちがいない。

 **まずは開催場所の確保だ**

　連れて行ける場所はかぎられるが、人里はなれた自然の多い山奥がよいだろう。そんなふだん人が立ち入らない場所で、道にまよわないか不安かもしれない。そんなときは、ジャック・オ・ランタン(p.19)や八咫烏(p.49)に道案内をしてもらおう。野生の動物におそわれないように、動物よけにアルミラージ(p.32)も連れて行くといい。これでアクセスは万全だ。

 **無事に現場に着いたら、次は食料の確保だ**

　川の水を、といいたいところだが、開催地が川辺とはかぎらないし、飲むのに適しているかもわからない。ペーガソス(p.42)にひづめを打ってもらって、きれいな泉をわかしてもらおう。食料は、たとえばグリフォン(p.44)なら新鮮な馬肉を、フリカムイ(p.48)ならとれたてのサケやクジラをもってきてくれるぞ。ほかにもいろんな幻獣が、思い思いの食べ物をもってきてくれると思うけど、あらかじめ人間が食べて大丈夫かはチェックしたほうがよい。

第1章 陸の幻獣

水と食料が用意できたら、次は調理をしよう

　火をあつかう幻獣はたくさんいるが、燃やしすぎるようなら火力のコントロールがむずかしく、山火事を起こしてしまう可能性がある。だからたき火の点火には小型のサラマンダー(p.14)がもってこいだ。火が着いたら、スクラッチ・トム(p.29)をひっかいて喉をならせば火力調整ができる。焼くのも煮るのも自由自在。ほら、香ばしいにおいがしてきたぞ。

食後はデザートも堪能しよう

　幻獣たちとのお楽しみは、これで終わりではない。ジャック・フロスト(p.16)に氷をつくってもらえば、かき氷を堪能できる。添え物として、フラワー・フェアリー(p.18)にエディブルフラワーや花の蜜をかけてもらえば、とても「映える」BBQデザートの完成だ。

食後は、まったりとお昼寝を

　フルコースを堪能したあとは、おなかを休めるためにも、優雅にお昼寝といこう。フラワー・フェアリーに子守歌を歌ってもらいつつ、獏(p.74)に悪夢を見ないように添い寝してもらえば、ぜいたくなお昼寝を心ゆくまで満喫できる。

万が一のときでも……

　ちなみに「もし当日、雨がふってしまったら？」といった心配もご無用。ズー(p.46)にたのめば、雨雲を追いはらってもらえるので大丈夫。万が一ケガをしてしまっても、シームルグ(p.47)がいれば、すぐにケガの治療をしてもらえるので安心だ。

　そんなわけで、幻獣たちとの外出では、とても有意義にすごせそうなことが、おわかりいただけるだろう。ぜひ仲良くなって夢のBBQを実現してほしい。

39

陸の幻獣 25

もっとも有名な幻獣かも？

有鱗有翼幻獣

# ドラゴン

- 高い知能を有する
- 鱗におおわれた胴体
- 口から火や吹雪を吐いたり魔法や特殊な力がある

## 基本情報

| | | | |
|---|---|---|---|
| 体長 | 2〜50m | 体重 | 200kg〜50t |
| 寿命 | 数百年〜数千年 | | |
| 伝承地 | ヨーロッパ | 特性 | 種類による |

生態・特徴　爬虫類や恐竜などと共通点の多い幻獣の総称。キリスト教では悪の化身とされる。種類により、さまざまな特性がある。

第1章 陸の幻獣

# どう飼えばいいの？

## 飼うにはお金がかかる？

にぎやかな街中よりも静かな空間を好むため、人里はなれた場所にすみかを用意する。ぽっかりと広い洞窟や、街外れの大広間のある廃城がよい。財宝が大好きなので、金貨や宝石を山積みにしてベッドにしよう。2〜5mほどの小型種であっても、少なくとも10畳（約4.5m×3.6m）は財宝でゆかが見えないよう敷きつめ、安心させたい。また知的な会話を好むことも多いため、近くには蔵書が多い図書館を設置するといいだろう。

## エサは成長に応じて

卵からかえったばかりの赤ちゃんには牛やヤギのミルクをあげればよい。乳ばなれが早いため、早めに家畜を用意する必要がある。小型の鶏からはじめ、成長に合わせて豚、牛へと替えていくとよい。成体になれば大半は数年〜数百年単位で寝ていることが増えるため、エサやりの回数も減るが、起きたときにまちがえて人間をおそわないよう、すぐにエサをあげられる態勢が必要だ。

## 飼い方まとめ！

気位が高くあつかいがむずかしい幻獣だが、財宝をとられないように守ってくれるし、魔力をもった種類なら丁重にあつかえば知恵や魔法もさずけてくれる。お金もちにはもってこいの幻獣だろう。

**飼いやすさ**

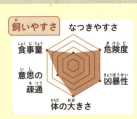

なつきやすさ・食事量・危険度・意思の疎通・凶暴性・体の大きさ

**飼育費用**

金貨・宝石（容積約5000ℓ分） 1億円以上
食費（牛1頭） 15万〜30万円/回

41

陸の幻獣 26

空(そら)かける白馬(はくば)

# ペーガソス

有蹄有翼幻獣(ゆうていゆうよくげんじゅう)

白馬(はくば)に大(おお)きな鳥(とり)の翼(つばさ)

ひづめは三日月型(みかづきがた)

## 基本情報(きほんじょうほう)

体長(たいちょう) 2.4〜3m　体重(たいじゅう) 300〜800kg　寿命(じゅみょう) なし

伝承地(でんしょうち) ギリシア　特性(とくせい) 死、水💧　生態・特徴(せいたい・とくちょう) 翼(つばさ)の生(は)えた空飛(そらと)ぶ馬(うま)。海神(かいじん)ポセイドンとヘビの髪(かみ)を生(は)やした女神(めがみ)メドゥーサの子(こ)。はじめはゼウスの雷(かみなり)の運(はこ)び役(やく)だったが、後(のち)に英雄(えいゆう)たちの乗(の)り物(もの)となる。ペガサスともいう。

第1章　陸の幻獣

## どう飼えばいいの？

### 🌏 エサは自給自足

聖なる泉の水の巫女ペガーにちなんで名づけられたペーガソスには、清水が飲める場所が必要だ。だが心配ご無用。ペーガソスはひづめで大地を打って自分用の泉をわかすことができる。そのために十分な広さの岩盤と、ねぐらの馬小屋を用意しよう。エサは世界じゅうの牧草地に飛んで勝手に食べてくれる。ただし気むずかしい性格のため、面繋（くつわを固定するための紐）のついた黄金のくつわがないということを聞いてくれない。神の乗り物はプライドが高いのだ。

### 🌏 空中散歩も楽しめる

黄金のくつわとともに、思いのまま空の旅を楽しもう。背中に乗るときは、肩から生える翼のじゃまにならないように気をつけよう。ペーガソスに乗って戦えば、強い敵だってたおせるぞ。ただし、天界まで行こうとすると「不敬である」と神々のいかりを買い、ペーガソスからたたき落とされて死んでしまうので、欲はかかないこと。

### 飼い方まとめ！

ペーガソスのつくる泉の水を飲めば詩的インスピレーションが得られるので、詩人や作家としてその世界での頂点に立つこともできるだろう。地球のどこにでも、簡単に取材旅行に行けるのも便利だ。

飼育費用　黄金のくつわ（純金1kg）　約1110万円
　　　　　食費　0円（自力調達）

43

陸の幻獣 27

黄金の守護者

# グリフォン

猛獣系有翼幻獣

- ワシの前半身
- ライオンの後半身
- するどいかぎヅメ

## 基本情報

**体長** 140cm〜2.5m　**体重** 120〜200kg
**寿命** 12〜19年　**伝承地** インド、イラン、ウクライナ
**特性** 聖✝

**生態・特徴** オスが狩りをして、メスが地面をほじくり返して集めた黄金でつくった山間の巣で卵を守る役割分担がある。

**飼い方** 気性が荒いため幼獣を育てて人なれさせよう。黄金を集める習性があるので、大金もちになるのも夢じゃない。エサは好物の馬肉（できればオスの肉）をあげるとよろこぶぞ。

**飼育費用** 食費（馬肉4〜5kg×週2回）　約8万円/月

飼いやすさ
- なつきやすさ
- 危険度
- 凶暴性
- 体の大きさ
- 意思の疎通
- 食事量

第1章 陸の幻獣

陸の幻獣 28

礼儀作法を重んじる
# ヒッポグリフ

有蹄有翼幻獣

- 虹色にかがやく翼
- 前半身はグリフォン
- 後半身は馬

## 基本情報

- 体長 2.4〜3m
- 体重 300〜800kg
- 寿命 25〜40年
- 伝承地 北アフリカ
- 特性 聖✝
- 生態・特徴 オスのグリフォンとメス馬の間に生まれた幻獣。高い知性と高貴さをそなえ、人間を乗せていてもタカやワシより速く飛ぶ。とても勇敢で、戦場におそれず突っこんでいく最高の戦馬となる。
- 飼い方 ほこり高いが、飼い主としてみとめられれば、魔法の馬具で乗ることもできる。視線をそらさず礼儀正しく接すること。
- 飼育費用 魔法の馬具 約60万円
- 食費(大型の魚など15kg×毎日) 約22万円/月

飼いやすさ
- なつきやすさ
- 危険度
- 凶暴性
- 体の大きさ
- 意思の疎通
- 食事量

## 陸の幻獣 29〜32 巨大な有翼幻獣たち

### 29 ロック鳥

- 体長 40〜50m
- 伝承地 アラビア
- 特徴・飼い方 インド洋のとある島にすむ怪鳥。エサ用にゾウやサイを飼っておこう。

### 30 ズー

- 体長 2.5〜3m
- 伝承地 イラク
- 特徴・飼い方 天の神エンリルにつきしたがう、嵐や雷の化身。雷雨や台風は、たのんでどかしてもらおう。

巨大な白い鳥
ライオンの頭
胴体はワシ

第1章 陸の幻獣

飛ぶタイプの幻獣はほかに敵がいないからか、巨大でワシに似たものも多い。ゆうゆうと、わが物顔で空を飛ぶ姿は圧巻だ。

## 31 ジズ

- 体長 50～100km
- 伝承地 イスラエル
- 特徴・飼い方 空を司る巨大な鳥。頭は天に届き、翼は太陽をおおいかくすほど大きい。

グリフォン(p.44)に似ているが、前足がない

## 32 シームルグ

頭は犬、足はライオン、体と翼がワシ

しっぽは孔雀

- 体長 20～30m
- 伝承地 イラン
- 特徴・飼い方 鳥の王。羽根の一部をもやすとやって来て、キズの治療をしてくれる。寿命が1700年もあるので、代々大切にしよう。

47

## 陸の幻獣 33〜36
## 神性/魔性をそなえた有翼幻獣たち

- カムイ＝アイヌ語で神の意味
- 主食はサケやクジラ

### ㉝ フリカムイ
- **体長** 約30km（翼長は60km）
- **伝承地** 北海道
- **特徴・飼い方** 水辺にすむ神鳥。神聖な水飲み場を荒らされるとおこり、動物や人をおそうので、つねに清潔をたもつよう掃除しよう。

- 雄鶏の頭
- 羽毛が生えたドラゴン(p.40)の胴体と翼

### ㉞ コカトリス
- **体長** 約30cm
- **伝承地** エジプト
- **特徴・飼い方** 致死性の毒をもつ怪鳥。視線で人が石化したり死んでしまったりするので、サングラスで自分の目を守ろう。

- ヘビのしっぽ

48

第1章 陸の幻獣

空を飛ぶ＝特別な力があるとみなされ、神の使いもしくは神そのものとされたり、逆に悪魔とみなされたりする。それらの性質も、超常的な存在に見合うものばかりだ。

大蛇やクジラを食べる

㉟ サンダーバード
体長 80〜110cm
伝承地 北アメリカ
特徴・飼い方 雷を司る鳥の精霊。太陽の使者で、規則に反した人間を罰するので飼い主には品行方正さが求められる。

両目に稲光が宿る

太陽を表す黄金の光を発する

3本足

㊱ 八咫烏
体長 60〜75cm
伝承地 日本
特徴・飼い方 古代日本で神武天皇の道案内をした導きの神。雑食で何でも食べるが、神様なので残飯をあげるのはやめよう。

# 幻獣に乗って空中散歩をしよう

幻獣には空を飛ぶものもたくさんいる。その背に乗って空中散歩をしたいという願いは、自然とわき出てくるだろう。ここでは、乗って飛ぶこと（騎翔）ができるか、難易度ごとに紹介していこう。

 **初心者向け**  スクラッチ・トム (p.29)

騎翔がはじめての人にもやさしくサポートしてくれるのは空飛ぶ妖精ねこスクラッチ・トムだ。体が弱っているおばあさんに対しても「エプロンをぼくの体に結んで、紐にしっかりつかまるんです」とやさしく乗り方を教えてくれたぞ。

 **中級者向け** ペーガソス (p.42)、ムシュフシュ (p.78) など

もともと神の乗り物として仕えてきたペーガソスやムシュフシュや、騎馬として育てられたヒッポグリフ (p.45) などは、人を背に乗せることにあまり抵抗がない。ただしプライドが高く、みとめた人物でないと乗せてくれないため、高い徳と騎乗術、それにふり落とされず制御するための用具が必須となる。

 **上級者向け** 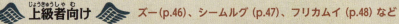 ズー (p.46)、シームルグ (p.47)、フリカムイ (p.48) など

凶暴な幻獣であっても、巨大な鳥なら、こっそりと背中に乗りこめば気づかれない（可能性が高い）。ただし命綱などもない状態で高速移動にたえなければならず、気づかれたら一瞬でふり落とされるので、高いバランス感覚と気配を消す技術が必要だ。

# 第2章

## 水辺の幻獣

イルカやワニのように、海や川などの水辺で生きる幻獣もたくさんいる。
いっしょに暮らせば、ひんやりクールな毎日が送れるかも？

あわてんぼうの神様

# カプリコルヌス

海棲の有蹄幻獣

正式な名前はシュメール語で「スフル・マシュ」

あわてんぼうな性格

水上と陸上でヤギと魚の姿を使い分け変身する

## 基本情報

体長 80cm〜2m　体重 100〜250kg　寿命 約50年
伝承地 イラク　特性 聖獣
生態・特徴 上半身はわかい牡ヤギ、下半身は魚の姿。たくさんの知識をそなえ、農耕・建築・魔法などを人間に教えた。ギリシア神話のやぎ座のもととなった。

第2章 水辺の幻獣

## どう飼えばいいの❓

### 水陸両棲の暮らし

大きな川辺を好む。体が大きいので、胴体部分が十分につかる水深1m以上のきれいな水の川辺にすもう。水流がゆるやかな河口付近もよい。陸地には、安全を確保できる三方向をかこった簡易小屋を用意しよう。食事は水中でプランクトンや川底の藻類を自分でとって食べるが、それだけでは不十分なので、補助食としてヤギ用の干し草とミネラル補給に岩塩をあたえよう。湿気で草がカビないようエサ台は首より高い位置に置くこと。

### カプリコルヌスから学ぼう！

頭をなでたりしてよくかわいがろう。仲良くなると陸でも水中でも乗せて運んでくれる。陸も海も世界じゅう旅したため、いろんなことを知っていて、機嫌がいいとその知識を教えてくれる。また数々の女性を魅了してきたあし笛（パンフルート）の演奏方法も教えてもらえるぞ。ただし君が女の子なら適度な距離感をたもつよう気をつけたい。カプリコルヌスが調子に乗りすぎると、くどかれてしまうぞ。

### 飼い方まとめ！

陸地と水辺の両方の管理をしっかりしよう。ただしおどろかしたりするとパニックを起こして大声でさけび、それが周りに伝染するため、つねにおだやかな心で世話をしてあげよう。

飼いやすさ
- なつきやすさ
- 危険度
- 凶暴性
- 体の大きさ
- 意思の疎通
- 食事量

飼育費用
簡易小屋（製作キット・6畳分）　約170万円
食費　岩塩（5kg）　約2500円/月
　　　干し草（1キューブ30kg）　3000〜4000円/月

水辺の幻獣 02

酒好きな海の妖怪

海棲の有蹄幻獣

# 牛鬼(うしおに)

体のどこかしらに牛の要素がある

しっぽは長く、剣の形をしている

伝承によって姿はさまざま

## 基本情報

| | | | | | |
|---|---|---|---|---|---|
| 体長 | 160cm～3m | 体重 | 約100kg | 寿命 | 約20年 |
| 伝承地 | 西日本の海辺 | 特性 | 水、闇 | | |

生態・特徴　水域からあらわれる大きな妖怪変化。おこると災いや疫病(伝染病)をふりまくが、助けると逆に利益をもたらす。あんがい人情深い。

第 2 章　水辺の幻獣

# どう飼えばいいの？

## 好物は牛肉と日本酒

　故郷は海の底だが、川をさかのぼって深い淵や滝つぼにすみつくことがある。地上にうつりすんでもらうには、そんな水辺付近でほら穴をさがしたり、掘ってつくったりして、近くに椿を植えてあげるとよい。肉食だが、毎月牛1頭程度の食欲なので、牧場を経営するより1頭買いしたほうが経済的。また毎年正月には日本酒をほしがる。あげわすれると影を食べられて命にかかわる病気になってしまうので気をつけよう。

## 友だちをもてなそう

　陸も海も1日で千里（約4000km）も走れるので、乗せてもらえると楽しく遠出ができるぞ。また牛鬼にはよく海から遊びに来る「濡れ女」という友だちがいる。赤ちゃんを連れているが、これはじつは子泣き爺で、不用意に抱っこすると重い石になって腕からはなれなくなり、水底にしずめられてしまう。手袋や布のおくるみを用意して抱っこし、あとでそれごと濡れ女に返してあげれば大丈夫。

## 飼い方まとめ！

　物騒な話が多い牛鬼だが、空腹時にごはんをあげたら洪水のときに命がけで助けてくれたり、自分をあがめた人に繁盛をもたらしたりするなど、意外と情にあつい。じっくりつき合って心の壁をとかしていこう。

| 飼いやすさ | |
|---|---|
| なつきやすさ | |
| 食事量 | 危険度 |
| 意思の疎通 | 凶暴性 |
| 体の大きさ | |

飼育費用　食費（牛1頭）　15〜30万円/回
　　　　　酒樽（1斗）　　6万〜10万円/年

55

水辺の幻獣 03

河川にすむ妖精馬

# ケルピー

淡水棲の有蹄幻獣

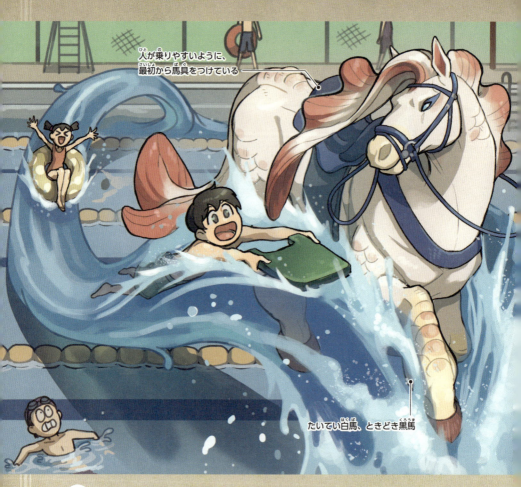

人が乗りやすいように、最初から馬具をつけている

たいてい白馬、ときどき黒馬

## 基本情報

体長 120〜170cm　体重 350〜500kg　寿命 20〜30年
伝承地 スコットランド　特性 水、闇
生態・特徴 近くの納屋に水をかけたり、水車を止めたりと水を自在にあやつる。美女や少年など、別の姿に変身して人を水にさそいこんでおぼれさせることも。

第2章　水辺の幻獣

## どう飼えばいいの？

### 水中では馬、陸では女性？

清流の水辺を好むため、ゆったりとした川の中流〜下流あたりで、食料である水草がゆたかに生えている場所がよい。つねに水中にいるわけではなく、水から上がると女性などの姿に変身する。当然服を着ていないので、変身後に安心してくつろげる大きな岩場をさがそう。その岩場の水辺以外の3辺は、周囲からの視線をさえぎる岩や木製の壁や小屋があるとよく、いつでも使えるよう内壁にタオルやバスローブをかける金具をそなえよう。

### 馬具は外さないこと

そなえつけの馬具で制御できるので、水上から陸にかけて、荷物運びを手伝ってもらったり、背中に乗ってお散歩もできる。さらには流水をあやつる力を使って、自宅で手軽に流しそうめんをしたり、流水プールやウォータースライダーもいっしょに楽しめる。ただ馬具を外してしまうと末代までたたられたり、家族をさらわれたりするらしいので、絶対に馬具をつけたまま最後まで面倒をみること。

### 飼い方まとめ！

もともと人間ぎらいでおこらせるとこわいが、本当に心おだやかに暮らしたいだけ。仲良くなるまでは大変だが、水の流れを尊重していれば大丈夫。庭にししおどしを置くなどいっしょに風情を楽しみたい。

| 飼いやすさ | |
|---|---|
| 食事量 | なつきやすさ |
| 意思の疎通 | 危険度 |
| 体の大きさ | 凶暴性 |

飼育費用　ウッドウォール(DIY)　約15万円
　　　　　食費　0円(自力調達)

57

水辺の幻獣 04

女性好きのあばれんぼう

淡水棲のげっ歯幻獣

# アーヴァンク

- 大岩を運べるほどの怪力
- 女性が大好き
- さけび声は滝の音に似ている
- とてもするどいかぎヅメ

## 基本情報

体長 150cm～2m　体重 80～200kg　寿命 約100年
伝承地 ウェールズ　特性 水
生態・特徴 淡水の深みにすむ、巨大な青黒いビーバーやワニに似た姿をしている。気性がはげしく、すべてを吸いこむうず巻を発生させ、おこらせると人間をもおそう。

第2章　水辺の幻獣

## どう飼えばいいの？

### 深いプールを用意しよう

ダイビングの練習用プールで淡水の深みを再現しよう。深ければ深いほどいいが、今世界にある中でもっとも深い水深45mプールならなんとかなるだろう。耐圧ガラスごしに泳ぐ姿を楽しめるぞ。陸上部分には庭園を設置し、柳の森を育てよう。のび続ける歯のケアや、縄張り用のダムをつくるのに必須だ。するどいキバで人をおそうことがあるため肉食とかんちがいされるが、ふだんの食べ物は草、葉っぱ、木の皮など植物性だ。

### 洗濯をたのんでみよう

水流を起こすのが得意なので、たのめば洗濯を手伝ってもらえる。家庭用洗濯機では洗えない、ふとんなどの大物も任せて安心！ただしアーヴァンクも水中にいるため洗剤は使わないこと。また、かぎヅメで洗濯物をいためないよう、ツメの保護カバーも必須だ。回数を重ねて力加減がコントロールできるようになれば、外に水流を飛ばしてもらって、家の壁の丸洗いや洗車などもお願いできるぞ。

### 飼い方まとめ！

女性にしかなつかないため、男性は飼うのをあきらめよう。なついた女性以外には、獰猛かつ縄張り意識も強く、気分を害しておそわれたらひとたまりもない。プールが用意できない場合、自分が適切な水辺に引っこそう。

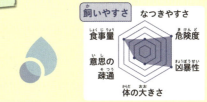

飼いやすさ：なつきやすさ／危険度／凶暴性／体の大きさ／意思の疎通／食事量

飼育費用
ダイビングトレーニングプール※建設費　約14億円
食費（根菜や枝）　約10万円／月

※水深45m

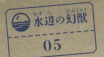

イスラム世界の怪魚

# バハムート

海棲の有鱗幻獣

まばゆい光を放つ目

頭部はカバやゾウや牛に似ている

巨大な魚やクジラのような姿

## 基本情報

| 体長 | 500～1000km | 体重 | 800兆～6000兆t | 寿命 | なし |
| 伝承地 | アラビア | 特性 | 水、地 🌳 |

生態・特徴　背に、上から順にいずれも巨大な大地、天使、宝石の岩盤、牛を乗せる。地震を司り、飲んだ海水で満腹になると世界は洪水にのまれる。

第2章 水辺の幻獣

## どう飼えばいいの？

### 連絡手段を確保しよう

すみかを用意するというより、ぼくらのほうがすでにバハムートが背負った大地の上にすんでいたりする。金属の棒や筒を地中深くまで差しこみ、声やモールス信号で連絡をとれるようにすれば、会話をしながら仲良くなれる。ただバハムートは、ときどき大地をささえる仕事をサボるのか、まれに海を泳いでいる姿が目撃されている。ふたつの目がまばゆい光を発し、どんな悪天候でも行く手を明るく照らすので、安全に旅ができるぞ。

### 地震を教えてもらおう

バハムートが大きな身ぶるいをすると大地も連動して地震が起きてしまう。仲良くなったら動くタイミングを先に教えてもらい、周囲に知らせてすばやい避難をうながそう。ところがたまに悪魔などの悪い連中が、くすぐったりしてわざと地震を起こそうとする。そんなとき、バハムートの両目の間に羽虫を飛ばしたり、鏡のようにかがやく太刀魚を泳がせたりすると、気をとられて身ぶるいをやめる。

### 飼い方まとめ！

地球のはじまりから生きていて博識。仲良くなって考古学や歴史を教わろう。食事は海水を飲むだけだが、飲みすぎると吐きもどして世界がほろぶ。潮位が下がりすぎたら、食事をひかえるよう伝えよう。

飼育費用　超深部ボーリング　315億円程度
食費（海水）　0円（自力調達）

北海道・内浦湾の主

# アッコロカムイ

海棲の軟体幻獣

体の赤が空や海に反射してまっ赤になる

クジラを丸のみしてしまう巨大な口

足を広げると1ヘクタール（1辺100m）にもなる

## 基本情報

| 体長 | 50m（全長100m） | 体重 | 45t | 寿命 | なし |

伝承地　北海道　　特性　水💧

生態・特徴　アイヌ語で「紐（触腕）のある神」という意味。もとは凶暴な大蜘蛛ヤウケシプだったが、海神レプンカムイによって、同じく8本足である大ダコの姿に変えられた。

第2章 水辺の幻獣

# どう飼えばいいの？

## 🌊 アッコロカムイのすみか

ゆったりと体を休ませるすみかには、直径100mほどの湾が最適。仲良くなるために、その海辺に家を建てよう。アッコロカムイは、湾から外洋に出て、みずからクジラなどを丸のみするので、食事を用意する必要はない。その頭に乗っていっしょに海中散歩を楽しめるが、ダイビング器具一式のほかに、自分が飼い主だと知らせるため、刺激をあたえる大鎌をわすれずに。ときどきまちがって船までのみこもうとしたら、その鎌でいさめよう。

## 🌊 幻想的な絶景を楽しもう

アッコロカムイがいる海は、体の赤が海面や空に反射し、幻想的な景色が楽しめる。じつはタコは体の色を自在に変えられるので、赤だけでなく時間とともにレインボーにも演出できるし、墨を吐けば黒い海にもできる。そんな絶景の前で好きな人に告白すれば、成功まちがいなし!? イカ墨とくらべてタコ墨は貴重だが、これだけ大きければ大量にとれるので、パスタなどの料理にも使えて絶品。

## 飼い方まとめ！

大蜘蛛だった時代は家や田畑を荒らして人をこまらせていたが、タコの姿になってから凶暴性はへっている。こちらから刺激しないかぎり、人を攻撃することはない。おだやかに接して絆を深めよう。

飼育費用　食費（クジラなど）　0円（自力調達）
　　　　　大鎌（漁用）　約1万円

63

水辺の幻獣 07

変幻自在の水の精

淡水棲の精霊

# ヴォジャノーイ

- 緑色の髪の老人をはじめ、いろんな姿に変身できる
- 体は黒い魚のうろこや、藻と泥でおおわれている
- 手には水かき

## 基本情報

| 体長 | 約2m | 体重 | 60〜100kg | 寿命 | なし |
| --- | --- | --- | --- | --- | --- |
| 伝承地 | 東欧 | 特性 | 水 | | |

生態・特徴　スラヴ世界における男性の水の精。女性の水の精ルサールカの夫。月が満ちるにつれ見た目がわかわかしくなり力が増し、欠けていくと老いて弱る。

第 2 章　水辺の幻獣

## どう飼えばいいの？

### 🌊 宮殿を用意しよう

　夜行性で、夕方起きると水音をたてて泳いだり、大ナマズに乗ったりする。水の流れがゆるやかで底が見えない沼や沢を好む。水晶や宝石でできた宮殿型の家を組み立て、クレーンなどで慎重に水底までおろして設置すれば、気に入ってすんでくれる可能性がある。水車や堰など、水流をゆるやかにする装置も好きなので付近に置きたいが、うまく動かないとおこってこわしてしまう。ゴミや泥がつまったりしないよう手入れを欠かさずに。

### 🌊 漁を手伝ってもらおう

　水辺に来た生き物（人間も！）を水中に引きずりこむイタズラが好きなので、対策が必要。たとえば漁に出る前にタバコを1本あげてお手伝いをたのめば、水中から手助けしてもらえるので大漁まちがいなしだ。お礼としてとれた魚のうち一番よいものを水中にもどせば、その後もいい関係を続けられる。地上の食べ物の中では黒い雄鶏が好きで、1回あげただけで一生仲良くしてくれるぞ。

### 飼い方まとめ！

　理解のない人間をきらうが、おたがいを尊重する漁師や、自然とのつき合い方がわかっている養蜂家などとはうまく共生関係をきずいていける。仲良くなれば、宮殿に流されてきたお宝コレクションも分けてくれるぞ。

| 飼育費用 | 宮殿型の家（水晶製、6畳間）　約1億円<br>食費（黒い雄鶏）　2000〜3000円/羽 |
|---|---|

65

# 水生幻獣たち

水辺の幻獣 8〜13

## ⑧レヴィアタン
- 体長 約4000km
- 伝承地 イスラエル
- 特徴・飼い方 どんな武器も歯が立たないので戦地へおもむけば世界平和に貢献できる。

口から炎を吐く

## ⑨ヒュドラー
- 体長 150cm〜2.5m
- 伝承地 ギリシア
- 特徴・飼い方 頭が9つある水ヘビ。遊びに来る親友のカニをまちがえて踏みつぶさないように注意。

口から猛毒を吐く

## ⑩ウォーターリーパー
- 体長 150cm〜2m
- 伝承地 ウェールズ
- 特徴・飼い方 漁師の網や釣り糸を切ったりするイタズラ好き。好物は羊。

かん高い声で鳴く

66

# 第2章 水辺の幻獣

わたしたち人間は水の中では生活できないが、水辺なら、いろいろな水生の幻獣と交流できる。ここでは、これまでに紹介しきれなかった、幻獣たちを紹介しよう。

## ⑪ヨルムンガンド

- 体長 約1万km
- 伝承地 北欧
- 特徴・飼い方 世界の終末にあらわれ毒を吐き散らす大蛇。牛の頭をエサに引き寄せられるが、丈夫なクレーンが必要。

大陸をとりかこむ巨大さ

## ⑫ヒッポカンパス

- 体長 2.4〜3m
- 伝承地 ギリシア
- 特徴・飼い方 仲良くなれば背中に乗れるし、何頭か手なずければ水上馬車を引かせられるぞ。

前半身が馬、後半身が魚

## ⑬バニップ

- 体長 100cm〜4m
- 伝承地 オーストラリア
- 特徴・飼い方 川や湖で魚などを食べるが、雨季の水がおだやかな日には人をおそうことがある。仲良くなると豊漁をもたらす。

全身に短く固い羽毛

67

# 幻獣と海へ行こう

水生の幻獣と仲良くなったら、夏には海に遊びに行けるかも。フィールドに合ったものを選抜し、遊びに行こう。ただし淡水生の幻獣には、海では生きていけないものもいるので注意。

## 釣りがしたい　　牛鬼 (p.54)、バニップ (p.67)

存分に釣りがしたいのなら牛鬼を連れて行こう。友だちの濡れ女 (p.55) にも協力をお願いすれば、魚たちを近くまで追い立ててくれるので、大漁まちがいなしだ。バニップも同様にいい働きをしてくれる。ただし、やみくもにとるのではなく、食べる分だけいただいて残りはリリースしよう。生き物は大切にしよう。

## いやされたい　　アッコロカムイ (p.62)

きれいな景色を見ていやされたいのならアッコロカムイがおすすめだ。広く雄大な湾に、海面から空まで一面染まる壮大な光のショーを展開してもらえるぞ。そんな幻想的な光景に包まれば、心のキズもいえて、明日からの活力まで分けてもらえる。

## 波乗りがしたい　　ヒッポカンパス (p.67)、アーヴァンク (p.58)

神々の水上馬車の引き手であったヒッポカンパスなら、波乗りなんてお手の物。どんな波でも、乗り手に負担がかからないよう安全に運んでくれる。優雅にヨガも楽しめるサップから、爽快に波の上を走る水上ボートもいい。サーフィンなら、アーヴァンクに最高の高波を起こしてもらってビッグウェーブを楽しもう。

# 第3章

# 麗しの聖獣

ここではおもに人間を守ってくれる神聖な幻
獣を紹介する。
ちょっと厄介な能力をもったものもいるが、
対処法を学んでうまくつき合っていこう。

## 麗しの聖獣 01

火を司る南方の守護獣

猛禽系聖獣

# 朱雀

体には5色の模様

炎におおわれたまっ赤な体

食べるのは60～120年に一度しか生らない竹の実だけ

### 基本情報

| | | | |
|---|---|---|---|
| 体長 | 約80㎝ | 体重 約4kg | 寿命 なし(不死) |
| 伝承地 | 中国 | 特性 南、赤、夏、火🔥 | |

生態・特徴　南方を守る、オレンジ色に近い赤い鳥。ツバメのあごにニワトリの肉ひげがあり、ヘビの首をもち、しっぽは魚のようで孔雀のように長い。

第3章　麗しの聖獣

## どう飼えばいいの？

### 家を守ってもらおう

　飼うには、まず朱雀がすむのにふさわしい土地が必要だ。山がそびえ、西に大きな道があり、東に川がある宅地をさがし出し、その地に庭つきの一軒家を建てよう。朱雀は「南方の水辺のある低地」を守ると決まっているので、その住宅の南側に、池のある庭と、実際の朱雀のすみかとなる門扉をつくること。朱雀はその門扉におり立ち、大きな翼で南方から来る災いや悪霊を焼きはらってくれるぞ。

### 鳳凰、フェニックスとの関係

　朱雀と鳳凰は同じ幻獣だ。天才の誕生とともにあらわれると鳳凰といわれ、仲間の応竜・麒麟・霊亀と合わせて「四霊（または四瑞）」とされる。一方、方角の守護獣として南を守る際には朱雀とよばれ、東の青竜・西の白虎・北の玄武・中央の麒麟（または黄竜）と合わせて「五獣」とされる。アラビアやエジプトにもフェニックスという似た幻獣がいるが、死んで再生をくり返す点が朱雀（鳳凰）とは異なる。

### 飼い方まとめ！

　地理的条件はあるが、不死なので健康に気をつかう必要もなく飼うのは簡単だ。だが機嫌をそこねると力を使ってもらえなくなるため、うやまう気もちと感謝をわすれずにやさしくお世話しよう。

飼育費用　宅地　2000〜3000万円（時価）
住宅（門扉つき）　4000〜5000万円
食費（竹の実）　0円（自力調達）

# 四凶 (しきょう)

麗しの聖獣 02〜05

## ❷ 檮杌 (とうこつ)

- 体長 10m
- 伝承地 中国
- 特徴・飼い方 西の荒地にすみ、あたりを荒らし回る。傲慢かつおしゃべりなので、話し相手やバカさわぎをする仲間として最適。

人の顔、口やキバは豚、足はトラの姿

全身にトゲのような剛毛

## ❸ 窮奇 (きゅうき)

- 体長 170cm〜3.7m
- 伝承地 中国
- 特徴・飼い方 北方の山にすむ風神。言葉で人をまどわし、戦争を起こす。善悪を見分ける力があるので、そこを利用したい。

# 第3章 魔しの聖獣

朱雀（鳳凰）が所属する五獣や四霊（四瑞）は幸運をもたらしたり四方を守ったりしてくれる聖獣グループだが、中国には逆に少し厄介な魔獣たちもいる。それが「四凶」だ。

## ❹ 渾沌

- 体長 100㎝～2m
- 伝承地 中国
- 特徴・飼い方 6本足で四翼の怪物。歌や舞、空が大好きなのでいっしょに楽しめる。顔はないが、えがくと死んでしまうので注意。

出現時に火のような赤色の光を放つ

## ❺ 饕餮

- 体長 120～170㎝
- 伝承地 中国
- 特徴・飼い方 食いしんぼうで、食べ物や宝物だけでなく魔物をも食うので魔よけにもなる。西南の方角にすみかをつくり守ってもらおう。

わきの下に目がある

睡眠の守護神

夢世界の有蹄幻獣

# 獏(ばく)

- 白と黒のまだら模様で足は短い
- おしっこには金属をとかす作用がある
- 悪夢だけでなく銅や鉄、竹も食べる

## 基本情報

| | | | | | |
|---|---|---|---|---|---|
| 体長 | 180cm〜2.5m | 体重 | 250〜540kg | 寿命 | なし |
| 伝承地 | 中国 | 特性 | 夢  | | |

生態・特徴　中国の山奥にすむ、鼻はゾウ、目はサイ、しっぽは牛、足はトラに似た幻獣。疫病や邪気をはらい、悪夢を食べてくれる。

74

第3章 麗しの聖獣

## どう飼えばいいの？

### おしっこは危険!?

悪夢を食べてくれる獏だが、それだけでは生きていけない。ふだんは竹や鉄、銅を食べるため、竹林を所有しておくと安心だ。山奥のお寺などの付近にすみ、管理のために切った竹をもらうのがお手軽でよい。おしっこは金属をとかしてしまうため、金属製じゃないトイレが必要。水の中でおしっこするので、水深50cmほどのプールを用意する。獏が入りやすいように埋めこみ型を設置し、排水は産業廃棄物として適切に処理しよう。

### 悪夢を食べてもらおう

悪夢を見たら、「獏さん、わたしの夢を食べに来てください」と3回くり返そう。するとやってきて悪夢を食い散らしてくれ、その夢は二度と見ないですむ。そもそもいっしょに寝れば悪夢を遠ざけ、快適なねむりを約束してくれるが、悪夢を食べないと空腹のあまり希望や願望までむさぼり食ってしまうので、獏のためにも時には別べつで寝て、ちゃんと悪夢を見るよう心がけよう。

### 飼い方まとめ！

めんどうな汚水処理だが、じつは金属加工に活用できる。起きるとわすれてしまって覚えていない人も多いが、人間の夢の大半は悪夢なのでえさも心配ない。夢日記を書いて獏と共有すると仲良くなれるぞ。

| 飼いやすさ | なつきやすさ |
| --- | --- |
| 食事量 | 危険度 |
| 意思の疎通 | 凶暴性 |
| 体の大きさ | |

**飼育費用**
家庭用プール（3×2m）　200〜500万円
食費（鉄や銅製フライパン）　3000〜1万円/週

## 麗しの聖獣 07

寝ている者の精気をうばう魔獣

夢世界の有蹄幻獣

# 夢魔

ロバ、牡牛、犬、ねこ、鳥、美女などさまざまな姿に化けられる

悪口に弱い

夜の闇のように黒い馬の姿

## 基本情報

- **体長** 100〜150cm
- **体重** 20〜50kg
- **寿命** なし
- **伝承地** 世界じゅう
- **特性** 闇
- **生態・特徴** ねむっている人の夢まくらに立ち、悪夢を見せる魔獣。人型の魔物を背に乗せて運んでくるか、自分自身が人型に変身してねむる人の胸の上にすわり、息苦しくさせて体力を吸いとる。
- **飼い方** 牛乳を入れたお皿を用意すれば仲良くなれる。体力をうばわず、夢の中のいろんな場所に連れて行ってくれるぞ。
- **費用** 食費(牛乳コップ1杯) 100〜200円/日

飼いやすさ
- なつきやすさ
- 食事量
- 危険度
- 意思の疎通
- 凶暴性
- 体の大きさ

第3章 麗しの聖獣

## 麗しの聖獣 08

虹色の大蛇の精霊

夢世界の有鱗幻獣

# 虹蛇
にじへび

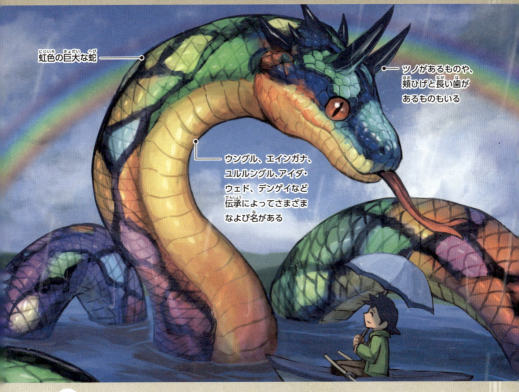

- 虹色の巨大な蛇
- ツノがあるものや、頬ひげと長い歯があるものもいる
- ウングル、エインガナ、ユルルングル、アイダ・ウェド、デンゲイなど伝承によってさまざまなよび名がある

## 基本情報

- **体長** 最大20km
- **体重** 0〜30億t
- **寿命** なし
- **伝承地** オーストラリア、アフリカ、南北アメリカなど
- **特性** 水、光✨
- **生態・特徴** 湖や池にすみ、地をはって水路や川をつくり、天に虹をかける。時空や生死を超越した〈夢時間〉という名の異世界から〈ドリーミング〉という創造の力を引き出す。
- **飼い方** 泥の中でねむるため、大きな池や湖が必要。歌やおどりで意思疎通ができ、雨をふらせ、天地創造のひみつを教えてくれる。
- **費用** 食費 0円（自然界のエネルギーから自力調達）

飼いやすさ
- なつきやすさ
- 危険度
- 凶暴性
- 体の大きさ
- 意思の疎通
- 食事量

77

麗じの聖獣 09

「怒れるヘビ」を意味する聖なるドラゴン　猛獣系有鱗聖獣

# ムシュフシュ

- 足以外は全身うろこにおおわれ、二股の舌をもつ
- 時と場合に応じて出したり引っこめたりできる半透明の翼
- 卵から生まれる
- 体は金や茶褐色でスマートなプロポーション

## 基本情報

| 体長 | 2.4～3m | 体重 | 300～800kg | 寿命 | なし |
| 伝承地 | イラク | 特性 | 聖獣 |

生態・特徴　ライオンの前足、ワシやタカの後ろ足、サソリのしっぽ、2本のツノ、頭には羽かざりがあり、そのおそろしい外見には邪をはらう力がある。

第3章 麗しの聖獣

## どう飼えばいいの？

### お世話は丁寧に

　何世代もの神々の乗り物として活躍しているムシュフシュには、立派な小屋を用意しよう。大きさが馬ほどなので、馬小屋で代用できる。牧場にあずけてもよい。その場合はこまめに会いに行き、スキンシップをしよう。ほこり高き聖獣であることをわすれずに、敬意をもってお世話し、信頼関係がきずければ、背中に乗せてもらうことも可能だ。ただ本格的に乗りこなすには、馬具のセットが一式あるといいだろう。

### 食べ物はどうするの？

　けっこう獰猛な肉食なので、肉屋さんでかたまりの肉を調達しよう。種類は何でもよいが、かつて背に乗せていた神々への生贄としてささげられていた、牡牛の肉などがとくによろこばれる。まちがっても「松やにと脂肪とかみの毛を混ぜてゆでた大麦パン」は、あげてはいけない。聞くだけでも体に悪そうだが、ムシュフシュが食べるとおなかが破裂して死んでしまうぞ。

### 飼い方まとめ！

　とてもかしこく、普段はとなりでじっとすわって言うことを聞いてくれるが、ぞんざいにあつかうと悪者判定され、追いはらわれてしまう。ぜひ仲良くなって、空を自在に飛び回ってみてほしい。

飼いやすさ／なつきやすさ／危険度／凶暴性／体の大きさ／意思の疎通／食事量

飼育費用
馬房入廠料（1頭）　40〜50万円
馬具一式　30〜100万円
食費（肉）　約8万5000円/月

麗じの聖獣 10

万物を知る物知り博士

有蹄聖獣

# 白澤(はくたく)

- 脇から炎のような翼のようなオーラが発生する
- 9つの目
- ヤギのような白ひげのある人面牛

## 基本情報

体長 170cm～2.5m　体重 150～225kg　寿命 10～20年
伝承地 中国　特性 聖獣
生態・特徴 有能な政治家が国の統治者になると姿をあらわす、博識な瑞獣。その姿をえがいた絵だけでも魔よけになる。

第3章 麗しの聖獣

## どう飼えばいいの？

### 白澤の交友関係

白澤は、徳の高い相手と相性がいい。疫病や悪鬼を追いはらう神・鍾馗とは友人で、たまに背に乗せているので失礼のないように。仏教も大好きで、とくに阿弥陀如来とは何かあったら協力する仲だ。白澤の前で「南無阿弥陀仏」を7回唱えると、あらゆる災厄が去っていく。そのため白澤をむかえ入れるには、大きな仏間のある一軒家がよい。白澤が安心できるよう鍾馗の像や絵をかざり、お経や数珠をいつでも手に取れるようにしよう。

### たくさんの妖怪を教えてもらおう

膨大な知識量をほこり、計1万2000種類もの怪異や妖怪を熟知している。仲良くなれば、それらに対するあらゆる対処法を教えてくれる。どんな怪奇現象に出くわしても、弱点を突いて撃退できるし、妖怪なら仲良くなる方法も知っている。万が一、食べ物がなくなっても、何が食べられるか知っているのでその場で食料を調達できる。いっしょにいれば、未知で危険なアウトドアでも安心だ。

### 飼い方まとめ！

まれに牛から生まれるそうなので、そのチャンスを逃さずむかえ入れよう。獏（p.74）のように悪夢を食べるので食費の心配はいらない。白澤自身の姿絵をかざっておけば、そこが家だと認識してもらいやすい。

| 飼いやすさ | |
|---|---|
| 食事量 | なつきやすさ |
| 意思の疎通 | 危険度 |
| 体の大きさ | 凶暴性 |

飼育費用　食費　0円（自力調達）

81

麗じの聖獣 11

ダンスが得意な〈森の王〉 猛獣系聖獣

# バロン

- 全身にかがやく鏡のかけらをつけている
- 頭部にふさふさの白い毛
- あごひげには強い呪力がある

## 基本情報

体長 170cm～2.5m　体重 150～225kg　寿命 なし
伝承地 インドネシア　特性 聖獣、光
生態・特徴 バリ島で〈森の王〉ともよばれる、ライオンのような聖獣にして厄よけの神。善の象徴で、魔女ランダと長い戦いをくり広げる。

第3章 麗しの聖獣

# どう飼えばいいの？

## 🌀 そなえ物をしよう

バロンが好きなのは、神聖な寺院の一角。自宅に専用の寺院である「家寺」を用意してすんでもらおう。神聖さをキープするために、毎朝、お線香とともにお花をそなえ、毎日の食事用には炊きたてのごはんをバナナの葉や笹の葉などにのせてあげよう。またインドネシアの民族衣装サロン（巻きスカート）をはいてスレンダン（帯）を締めるか、同様の衣装を着て、聖水をふりまき感謝の祈りをささげると、とてもよろこぶ。

## 🌀 宿敵ランダとのダンスバトル

バロンには、ランダというライバルがいる。悪を象徴する魔女で、何度たおしてもよみがえるため、そのたびに戦わなくてはならない。昔は息の根を止めるまで戦っていたが、最近ではダンスバトルによって1時間半で勝負がつく。万が一、バロンが負けてしまうと、悪がはびこる暗黒時代がおとずれるので、一生懸命バロンを応援してほしい。そして勝ったら花をまいて祝福し、苦労をねぎらおう。

## 飼い方まとめ！

バロンと暮らすには、朝のそなえ物と日々の祈りが欠かせない。作法になれるまでは大変だが、君がおどり好きならダンスの指導も受けられるし、いっしょにおどって厄よけしながら元気にすごせるだろう。

飼育費用　食費（お花や線香、おかしなどのそなえ物）
約1万円/月

## 聖なる幻獣たち

**麗しの聖獣 12〜15**

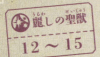

### ⑫ お狐

| 体長 | 30〜100cm | 伝承地 | 日本 |

**特徴・飼い方** 米を司る稲荷神社の守護獣。鍵と宝珠をくわえたお狐を対で飼うと豊作をもたらす。油揚げをあげよう。

- なつきやすさ
- 危険度
- 凶暴性
- 体の大きさ
- 意思の疎通
- 食事量

### ⑬ 狛犬

- 白い体
- 吽形には1本のツノがある

| 体長 | 80〜150cm | 伝承地 | 日本 |

**特徴・飼い方** 獅子に似た聖獣。おしゃべりタイプ（阿形）と無口なタイプ（吽形）を対で飼うと、かわいい子犬が生まれるかも。

- なつきやすさ
- 危険度
- 凶暴性
- 体の大きさ
- 意思の疎通
- 食事量

84

# 第3章 麗しの聖獣

これまで紹介してきたように、中国や日本には神に近い神聖な幻獣も数多くいる。ここでは、そんな聖なる幻獣たちを一挙に紹介しよう。

貅がメスでツノが2本

なつきやすさ／食事量／危険度／意思の疎通／体の大きさ／凶暴性

**⑭ 貔貅（ひきゅう）**

体長 150cm〜3m　伝承地 中国

特徴・飼い方 邪気をはらうので「辟邪」ともよばれる。黄金を食べるが、おしりの穴がないので財を貯めこむ。エサの金の時価変動に注意。川で砂金や、山で金鉱脈をさがすのに適している。

貔がオスでツノが1本

ウサギのように長い耳

なつきやすさ／食事量／危険度／意思の疎通／体の大きさ／凶暴性

**⑮ 狻猊（こう）**

体長 約4m　伝承地 中国

特徴・飼い方 観音菩薩の乗り物。口から炎を吐き、おしっこは肉をとかす。竜を見るとおそいかかるので、引き合わせないよう注意。

85

麗じの聖獣
16

十二支が合体!?

合成獣系聖獣

# 十二支之獣

牛のツノにうさぎの耳、
ねずみの顔の個体が多い

個体によって十二支の
組み合わさり方が異なる

## 基本情報

| 体長 | 110cm〜3.3m | 体重 | 80〜300kg | 寿命 | なし |
|---|---|---|---|---|---|
| 伝承地 | 日本 | 特性 | 聖獣、光 | | |

生態・特徴　十二支を司る12体の動物の合成獣で「寿」ともよばれる。毎年家から悪気をしりぞけ、家内安全にすごせるようになる。

86

第3章　麗しの聖獣

## どう飼えばいいの？

### 家内安全の守り神

　この聖獣の役割は、悪い気をはねのけて家内の安全を守ることなので、自宅でいっしょに暮らすことができる。神棚のある部屋にすまわせ、家の中心から敷地内全体を守ってもらおう。そして毎朝、神棚と十二支之獣に対して、平和にすごせていることに感謝の祈りをささげよう。とくに積極的に食事はとらなくてもいい体質だが、お神酒やそなえ物を用意しておくと機嫌よく守ってもらえる。十二種類の部分を平等にかわいがろう。

### 暦の節目を大切にしよう

　正月が大事な祭日なので、前の年の干支をねぎらい、新年の干支を盛大にお祝いしよう。それ以外でも十二支の守護に日々の感謝をわすれず、春には七草がゆ、土用の丑の日には頭に「う」のつく食材、冬至にはカボチャを食べる……など、季節の変化に合わせた行事をいっしょに楽しむのが仲良くやっていくコツ。ちゃんと守ってほしければ、逢魔が時といわれる夕暮れ時（昼と夜の境目）には家に帰ろう。

### 飼い方まとめ！

　ぼくらの生活には十二支がとけこんでいる。毎日、毎時間、つねにいずれかの干支の担当になっているので、それをいつも意識して感謝するだけで十二支之獣が上機嫌になり、運のめぐりもよくなるぞ。

飼いやすさ／なつきやすさ／危険度／凶暴性／体の大きさ／意思の疎通／食事量

飼育費用　食費（お神酒やそなえ物）
5000〜1万円程度/月

87

# 幻獣と仲良く暮らすために

　幻獣と仲良く暮らすための基本は、犬やねこなど一般的な愛玩動物を飼うときとさほど変わらない。ただし気位が高かったり気むずかしかったりする。幻獣といっしょに暮らすために注意する点を挙げていこう。

 **近隣の住人に理解を求める**

　幻獣を飼うために、山林などの人間のいない地域に引っこす場合は問題ないが、都会では大型の幻獣がいるだけで近隣住人には脅威だ。飼う前に、自治体にその安全性とメリットを説明し、理解を得ておこう。

 **寿命とその対応**

　幻獣を家にむかえ入れるにあたって、その寿命を把握しておこう。
　通常のペットなら人間のほうが長生きなので、責任と愛情をもって最期まで面倒をみれるが、寿命がない幻獣の場合、家を守ってくれる存在として、子々孫々まで家族で世話をしていこう。
　契約でしばっていた場合、タイミングをみてその契約を解除し、自由にしてあげよう。ただしその際、それまで君がこきつかったりしていたなら、逆上しておそいかかってくる可能性があるので注意。そうならないよう、対等に友情を育み合う関係をつくることが大事。
　幻獣も時間とともにホームシックにかかることもある。その場合、名残おしくとも別れを選ぶのが真の飼い主だ。別れても、いつかまた友好的に会える日がくることを信じよう。

# 第4章

## 友だちになろう

幻獣には人間に近い姿をしたものもいる。
この章では、そんな人型幻獣たちと仲良くなる方法を伝授しよう。

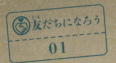

## 友だちになろう 01

絶叫に注意！

# マンドラゴラ

亜人植物

釣鐘形のむらさき色の花

ひみつや未来について教えてくれる

## 基本情報

**体長** 15〜140㎝　**体重** 1〜40kg　**寿命** なし　**伝承地** ドイツほか

**特性** 毒、植物、薬　**生態・特徴** 人の形の根をした毒草。土からぬくと絶叫し、その声を聞いた者はショック死したりするので、ドローンやラジコン車などに結んで遠くから引こう。うまく育てると知能を宿し人間大の妖精アルラウネとなる。

**友だちになるために** 金曜日には赤ワインで洗い、新しい紅白の絹のドレスを着せてかわいがろう。

**費用** 週にワイン代が数千円、衣装代が数千〜数万円かかる。成長すると人間と同様の食費が必要。

第4章 友だちになろう

## 友だちになろう 02

幸福をよぶイタズラっ子

# 座敷わらし

亜人精霊

- 髪型はざん切り頭や、おかっぱ
- 男の子は絣か縞の黒っぽい着物
- 5〜6歳くらいの子どもの姿（時に、顔は老人のことも）

## 基本情報

**体長** 100〜120cm　**体重** 15〜20kg　**寿命** なし　**伝承地** 日本

**特性** イタズラ、光

**生態・特徴** 古い家の座敷や蔵にすむ、子どもの姿をした精霊。イタズラ好きで、幸運や富をもたらすが、機嫌をそこねて家出されると逆に不運や貧困がやってくる。

**友だちになるために** 床の間にエンジュの木の柱がある家でいっしょに遊ぼう。最新型のオモチャより昔ながらの紙風船や人形のほうが好み。

**費用** 毎日の食事は、あずき飯お茶碗1杯分で1食300円ほど。オモチャに数千円かかるが、手づくりのほうがよろこばれる。

友好度: 知性、危険度、凶暴性、体の大きさ

91

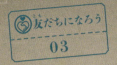

## 幻獣のクイズ王
# スフィンクス

猛獣系獣人

ギリシアでは美しい女性で、胸元には人間の乳房があり、ワシの翼を生やす

エジプトでは男性（ファラオ＝王）で、ネメスとよばれる頭巾（ファラオの王冠）をかぶる

### 基本情報

**体長** 60〜150cm　**体重** 35〜65kg　**寿命** なし　**伝承地** エジプト、ギリシアなど

**特性** 聖、知性、闇　**生態・特徴** 体がライオン、頭が人間の合成獣。神殿や墓場、けわしい山間部などに陣どり、通りがかった人にナゾナゾを出す。不正解ならおそい、正解だとショックを受けて死んでしまう。　**友だちになるために**「ナゾナゾに命をかけなくていい」と説得し、クイズ大会にさそおう。じつはボードゲームの対戦も大好き。

**費用** ファストフード店が気になっているご様子。チキンかピザを選んでもらい、1食で800円もあればよい。

第4章 友だちになろう

友だちになろう 04

半人半馬の武闘派
# ケンタウロス

有蹄獣人

お酒が大好き

上半身は人間の男、下半身は馬

## 基本情報

| 体長 160cm〜2m | 体重 400〜500kg | 寿命 なし | 伝承地 ギリシアやウクライナ |

特性 火🔥　生態・特徴 山や荒野で群れをなす、上半身が人間、下半身が馬の種族。弓矢、やり、こん棒のあつかいが得意で、剣は少し苦手。おこりんぼうが多いが、いて座のモデルのケイローンは医術を極めた賢者だ。

友だちになるために 大好きな模擬戦や宴会で親交を深めよう。ほとんどが男性で美人に目がないので、女性は肌の露出をひかえめに。費用 パーティー代ひとり5000円前後で、ワインといろんなおツマミなどを準備しよう。

93

## 友だちになろう 05

心やさしきアステカの神

# ケツァルコアトル

有鱗有翼神人

もとは翼（羽毛）のあるヘビだが、文明を教えるため人の姿に化けた

人の姿では、白い肌でヒゲを生やす

### 基本情報

- **体長** 150cm〜2m
- **体重** 50〜100kg
- **寿命** なし
- **伝承地** 中米
- **特性** 地、水、火、風、光 ✨
- **生態・特徴** 文化と風の神にして、やさしい心をもった有翼のヘビ。むかし人の姿に化け、人間に農耕や科学技術、理性の大事さなどを教え、生贄をやめさせた。
- **友だちになるために** 友好のあかしとして7色のチョウの羽をプレゼントするのがよい。アメリカ大陸原産のトウモロコシ、トマト、ジャガイモを使った料理でもてなそう。
- **費用** 美しいチョウの標本は5000円〜5万円くらいまで。幻想的な色合いの柄を選ぼう。

友好度 / 知性 / 危険度 / 凶暴性 / 体の大きさ

94

第4章 友だちになろう

友だちになろう 06

次元を超越した神の使い　天界の亜人

# 天使

- 中性的な姿
- 必要に応じて、霊的な光の翼を生やすことができる
- 9つの階級があり、位の高い天使には名前がある

## 基本情報

**体長** 50cm〜2190万km　**体重** なし（霊体）　**寿命** なし　**伝承地** 中東、ヨーロッパなど

**特性** 予言、光　**生態・特徴** 霊的な存在なのでもともと肉体はないが、ときおり姿をあらわして予言や警告をしたり、実体化して社会にとけこみ人間の様子をさぐったりする。本来、性別はない。

**友だちになるために** 君が日々の感謝をわすれずよいおこないを重ねれば、天使のほうからたずねてくる。お告げには素直にかしこく、したがうべし。

**費用** お金よりもボランティア活動などへの積極的な参加が大事。100円からでいいので、できれば寄付もしよう。

友好度
知性／危険度／凶暴性／体の大きさ

95

友だちになろう 07

### 死と風を司る人面鳥
# ハルピュイア

猛禽獣人

- いつも飢えていて、顔色は青白い
- 口もとや胸もとには、食べカスがこびりついている
- もとは女神だった
- 足には猛禽類の長いかぎヅメ

## 基本情報

**体長** 80〜180cm　**体重** 5〜40kg　**寿命** 20年以上　**伝承地** ギリシア
**特性** 風、闇
**生態・特徴** 胸から上が女性の風の精。すばやく飛び回るが臆病でひねくれており、弱いものいじめが好き。食欲は旺盛でくさっていても食べるが、満腹になると残りものにフンをかけて立ち去る。**友だちになるために** 強い相手にはしたがうので、まず戦って上下関係をはっきりさせたうえで、かわいそうな身の上話を聞いてあげよう。
**費用** 戦うときはツメを通さない鎧(約30万円)と射撃用の弓矢(6万〜10万円)がおすすめ。食事はあまりものでいい。

友好度 / 知性 / 危険度 / 凶暴性 / 体の大きさ

第4章 友だちになろう

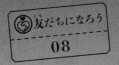
友だちになろう 08

魚？　鳥？　ふしぎな姿の予言者　海棲の有鱗妖怪

# アマビエ

鳥のくちばしに長い髪

ウロコが生えた胴体

足は3本

## 基本情報

|体長| 100〜150cm |体重| 30〜60kg |寿命| なし |伝承地| 日本

|特性| 予言、絵画、水💧　|生態・特徴| 海を光らせながら海岸に姿をあらわし、予言を残す、心やさしい妖怪。積極的に絵のモデルとなってくれる。その姿絵には、疫病や不幸から身を守る厄よけの効果がある。

|友だちになるために| 「カッコイイ！」などとほめつつ、似顔絵を美しく仕上げよう。

|費用| 筆と墨があればよいが（1000円前後）、絵の具や色えんぴつなど（約1000円）でカラフルに塗るとよろこぶぞ。食料は、自分で海から調達するので心配いらない。

友好度
知性
体の大きさ　危険度
凶暴性

97

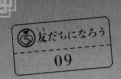

人をまどわす美しい歌声

海棲の有鱗獣人

# 人魚(にんぎょ)

- 竪琴や美声で人をまどわせておぼれさせる
- 長い金髪や赤髪で、海藻がからんでいる
- ハンドバッグ代わりに貝がらをもっていたりする

## 基本情報

**体長** 150cm〜2m  **体重** 50〜70kg  **寿命** 800年  **伝承地** 世界じゅう

**特性** 音楽、水

**生態・特徴** 上半身が女性、下半身が魚の種族。その美しい歌声で船乗りたちをとりこにしたり、おぼれさせたり、船を難破させたりする。海にすむ怪物を護衛にしていることもあるので注意。

**友だちになるために** むしろこっちから海に出て楽器を演奏し、セッションしよう。歌や伴奏をときどき交代するのも楽しい。 **費用** 伴奏に使えて、口をふさがずもち運べる楽器を用意しよう。竪琴やアコーディオン(数万〜数十万円)がおすすめ。

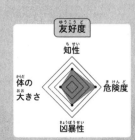

第4章 友だちになろう

友だちになろう 10

小さなイタズラ好き妖精 　小人精霊

# ピクシー

- たまにトンボみたいな羽をつけているものもいる
- 闇でも光る目に、とがった耳
- 一晩じゅう馬を乗り回すことも

## 基本情報

**体長** 約20cm　**体重** 120〜300g　**寿命** なし　**伝承地** イングランドのコーンウォール地方

**特性** 土、虫　**生態・特徴** まずしい家の仕事は手伝うが、なまけ者は念力やラップ音でおどかす。人間の赤ちゃんとみにくい妖精をとりかえるという悪質なイタズラもする。夜道で人をまよわせるのも得意。**友だちになるために** 四葉のクローバーを頭に乗せ、上着をうら返しに着ておけば化かされない。よく輪になっておどるので参加しよう。

**費用** クリーム（約200円）や、りんご（約200円）が好物。四葉のクローバー（0円）は公園や小道でさがそう。

友好度／知性／危険度／凶暴性／体の大きさ

99

| 友だちになろう 11 | うぬぼれ人間をいましめる妖怪 | 猛禽系有翼妖怪 |

# 天狗

位の高い大天狗は山伏の服装で、頭に黒い小さな頭巾、1本歯の高下駄をはき、羽うちわをもつ

赤ら顔で鼻が高く、背中に鳥の翼

## 基本情報

**体長** 150cm～2.1m **体重** 50kg前後 **寿命** なし **伝承地** 日本 **特性** 風、火

**生態・特徴** 山奥できびしい修行を続け、神通力をあやつる。豪快な性格で、もめごとが大好き。とくに強力な大天狗は、法力が強い僧侶や山伏（修験者）が生まれ変わった姿とも。

**友だちになるために** ちょっかいをかけてくるが、とり合わず冷静に。焼きいもやBBQを提案すれば、うちわで火をあやつってくれる。　**費用** サツマイモは1袋（約500円）でふたり分なので、3袋ぐらいで足りるか？　肉を焼くならひとり当たり5000円ほど。

友好度 / 知性 / 危険度 / 凶暴性 / 体の大きさ

第4章 友だちになろう

友だちになろう 12

5色のカラーバリエーション
怪力巨人妖怪

# 鬼(おに)

- はだの色は青・赤・黄・緑・黒の5色
- 突起のある金ぼうをもつ
- 口にキバ、手にはするどいツメ
- トラ柄のふんどしやこし布

## 基本情報

体長 2〜5m　体重 70〜600kg　寿命 なし　伝承地 日本各地

特性 木、闇、土、金、水、火　生態・特徴 ハデな原色のはだをもつ妖怪。ツノはないか、1〜2本が多い。悪い鬼のみならず、ひとつ目の鍛冶屋、片目の山神、守り神の鬼まで多種多様。善良なタイプは神社にまつられている。友だちになるために「泣いた赤鬼」のようなよい鬼は必ずいる。そこからほかの鬼に連絡して5色鬼レンジャーを結成し、悪と戦うべし！

費用 鬼をまつる神社にお参りし、さい銭(1円〜)も入れよう。仲良くなれば、いざというときに力をかしてくれる。

友好度
知性 / 危険度 / 凶暴性 / 体の大きさ

## 友だちになろう 13

満月の夜は要注意
# 人狼 (じんろう)

不死獣人

オオカミが人間になったり、逆に人間がオオカミに変身したりする怪物

人さし指が中指より長いという説も

### 基本情報

| 体長 | 160cm〜2m | 体重 | 60〜180kg | 寿命 | なし | 伝承地 | 東欧を主とする北半球 |

**特性** 獣、闇

**生態・特徴** 昼間は人間社会にとけこんでいるが、夜、オオカミや半人半獣に変身すると（とくに満月の夜は）理性を失う。悪魔のしわざとされたが、東欧には理性をたもって悪と戦う人狼もいた。**友だちになるために** 夜はオオカミになってしまうため、人間姿の昼に仲良くなり、夕方には家に帰ろう。**費用** 純銀製の十字架（1万円〜）を護身用にもち、オオカミを神の使いとしてまつる三峯神社などで入手したお札（約1000円）をわたして理性をとりもどしてもらおう。

第4章 友だちになろう

## 友だちになろう 14

人の生き血を吸う魔物

不死亜人

# 吸血鬼（きゅうけつき）

- 基本的には人間の姿だが、大歯が長いキバになっている
- 霧や虫、ネズミ、コウモリなどに変身することも

## 基本情報

- **体長** 160〜180cm
- **体重** 0（霧の形態）〜90kg
- **寿命** なし
- **伝承地** 東欧を主とする北半球
- **特性** 血、闇
- **生態・特徴** 永遠に生きる不死の存在。すでに魂を失っているので鏡にうつらず、影もない。他者の血を吸いつくして殺すことも、半分だけ吸って仲間にすることもできる。

**友だちになるために** 善良なタイプは輸血用の血液が集まる病院にいるかも。苦手な日光があるうちは寝ているので、まずは夕食にさそおう。 **費用** 護身用のロザリオ（約3000円）と交際費（約1万円）は必須。ニンニクが苦手なのでイタリアンレストランやラーメン店はNG。

友好度
知性
体の大きさ　危険度
凶暴性

# 取材を終えて日が暮れて

「幻獣を飼いたいので指南書を書いてくれませんか?」

これまで長いこと、幻獣や妖怪、天使、悪魔、神仏たちと関わり、皆さんに紹介してきましたが「飼う」という発想はなかったので思いもよらない依頼でした。

編集部といっしょに必死にまとめあげたリストを手に、幻獣たちのすみかへ挨拶や取材に行きました。歓迎してもてなしてくれるもの、威嚇してきた豪傑、興味ないそぶりをしめししながらもさりげなく自分たちのことを教えてくれたツンデレ……などなど反応もさまざまでした。

人型の幻獣たちには、とりわけ「飼う」という単語を使わないよう気をつけました。やはり姿かたちの似た知的種族とは、家族のように同居するよりは、友だちとして程よく距離感をたもったほうがよい関係性をきずけそうだ、というのも新たな発見でした。

それぞれ個性が強いため、どの幻獣でもいっしょに暮らしていくには、ちょっと面倒なこと、イレギュラーな事態が多かったりします。それでも同じ時をすごし、たくさんの愛情を注いでいくうちに、幻獣たちもだんだんと理解をしめし、警戒心をとき、なついてくれるようになることでしょう。

「うちではちょっと飼うのはむずかしいなあ」と感じるかたもいるでしょう。そんなあなたの環境であっても、案外すぐ近くに幻獣たちはひそんでいるかもしれませんよ? 目には見えないものもいますが、気配を感じたり、そこに確かにいたという形跡を見つけることは可能です。そんなときに、この本をひもといて「ああ、この幻獣とは、こうしたら仲良くなれるんだな」と、思い出してくれたらうれしいです。

個性ゆたかな幻獣たちとの暮らしが、もっと皆さんの身近にあふれますように。

2024年の誕生日に　高代彩生

# 幻獣研究の今後のために

賢明なる読者諸君なら気づいてしまったかもしれませんが、幻獣とは「獣＝動物」の延長線上にある存在です。ねこについてよく知ればトラやライオンのこともある程度理解できるように、まずはよく似た動物の特徴を、動物園などで観察するとよいでしょう。どんな環境が好きか、何を食べるのか、何をされるといやがるのか……などなど、その習性をよく知ることが、仲良くなるための第一歩となります。

博物館も自分の世界を広げてくれます。8mにもなるマチカネワニや、ジュラ紀・白亜紀の恐竜の全身骨格などをしげしげながめていると、ドラゴンなどの竜族に対する理解が、ワクワクする心とともにどんどん深まっていきます。

あるいは、海や山に出かけたとき、自然そのものを全身で感じてみてください。空の色、風のそよぎ、海の波のざわめき……そういうなかには、動物からはちょっとかけはなれた精霊たちがやどっています。

この本の最後のページに、15冊ほど参考文献を挙げておきました。もちろん図書館などで、それらの本を実際に読んでみるのもいいのですが、本によっては幻獣に関係ない部分が長々と続いて、あきてしまうかもしれません（よくあることです）。だからぼくとしては、せっかく図書館に行ったのなら、物語のコーナーをのぞいて自分好みの幻獣が出ている本を探すのをおすすめします。興味こそが、一番優秀な家庭教師なのですから。勉強するつもりではなく、ただ楽しみのために読むのがいいのです。そんなところから新たな友だちも見つかるというもの。

ちなみに、ぼくはおとなになっても、民話や昔話、それに絵本なんかを読んでいます。絵本ではよく幻想生物たちが活躍しますし、見ていて楽しい。それでいて、時に心をゆさぶってくれます。

それでは、皆さんの親友となってくれる幻獣が見つかりますように、と願いつつ、筆をおきます。

またいつか、夢の川が流れる虹のふもとでお会いできますように。

幻想世界への案内歴37年
監修　健部伸明

# 幻獣マップ

**アイルランド**
ジャック・オ・ランタン (p.19) グリマルキン (p.28)
トゥルッフ・トゥルウィス (p.36) ドン・クールニャ (p.37)

**イギリス**
ジャック・フロスト (p.16) フラワー・フェアリー (p.18) ファイヤー・ドレイク (p.19)
クー・シー (p.20) ブラック・ドッグ (p.23) ケット・シー (p.26) グリマルキン (p.28)
スクラッチ・トム (p.29) キャス・パリューグ (p.29) トゥルッフ・トゥルウィス (p.36)
ケルピー (p.56) アーヴァンク (p.58) ウォーターリーパー (p.66) ピクシー (p.99)

**北欧**
ガルム (p.22) ラタトスク (p.33)
ヨルムンガンド (p.67)

**東欧**
グリフォン (p.44)
ヴォジャノーイ (p.64)
ケンタウロス (p.93)
人狼 (p.102)
吸血鬼 (p.103)

**スイス**
キャス・パリューグ (p.29)

**ドイツ**
サラマンダー (p.14)
マンドラゴラ (p.90)

**イラク**
ズー (p.46)
カプリコルヌス (p.52)
ムシュフシュ (p.78)

**ヨーロッパ**
天使 (p.95)

**イラン**
マンティコア (p.34) グリフォン (p.44)
シームルグ (p.47)

**フランス**
マタゴ (p.28)
キャス・パリューグ (p.29)

**アラビア**
アルミラージ (p.32)
ロック鳥 (p.46)
バハムート (p.60)
天使 (p.95)

**ヒマラヤ**
イエティ (p.18)

**北アフリカ**
ヒッポグリフ (p.45)

**インド**
アルミラージ (p.32)
マンティコア (p.34)
グリフォン (p.44)

**アフリカ**
虹蛇 (p.77)

**エチオピア**
カトブレパス (p.36)

**ギリシア**
ペガソス (p.42)
ヒュドラー (p.66)
ヒッポカンパス (p.67)
スフィンクス (p.92)
ケンタウロス (p.93)
ハルピュイア (p.96)

**イスラエル**
ベヒモス (p.36)
ジズ (p.47)
レヴィアタン (p.66)
天使 (p.95)

**インドネシア**
バロン (p.82)

**エジプト**
アメミット (p.30)
コカトリス (p.48)
スフィンクス (p.92)

108

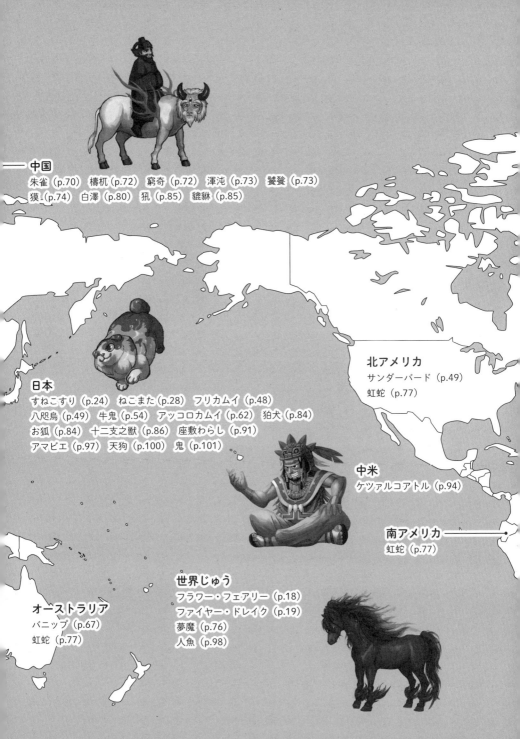

**中国**
朱雀 (p.70)　椿杌 (p.72)　窮奇 (p.72)　渾沌 (p.73)　饕餮 (p.73)
獏 (p.74)　白澤 (p.80)　犰 (p.85)　貔貅 (p.85)

**日本**
すねこすり (p.24)　ねこまた (p.28)　フリカムイ (p.48)
八咫烏 (p.49)　牛鬼 (p.54)　アッコロカムイ (p.62)　狛犬 (p.84)
お狐 (p.84)　十二支之獣 (p.86)　座敷わらし (p.91)
アマビエ (p.97)　天狗 (p.100)　鬼 (p.101)

**北アメリカ**
サンダーバード (p.49)
虹蛇 (p.77)

**中米**
ケツァルコアトル (p.94)

**南アメリカ**
虹蛇 (p.77)

**オーストラリア**
バニップ (p.67)
虹蛇 (p.77)

**世界じゅう**
フラワー・フェアリー (p.18)
ファイヤー・ドレイク (p.19)
夢魔 (p.76)
人魚 (p.98)

# さくいん

## あ

アーヴァンク ……………………… 58

アッコロカムイ ………………… 62

アマビエ ………………………… 97

アメミット ……………………… 30

アルミラージ …………………… 32

イエティ ………………………… 18

ヴォジャノーイ ………………… 64

ウォーターリーパー …………… 66

牛鬼（うしおに） ……………… 54

応竜（おうりゅう） …………… 71

お狐（きつね） ………………… 84

鬼（おに） ……………………… 101

## か

カトブレパス …………………… 36

カプリコルヌス ………………… 52

ガルム …………………………… 22

麒麟（きりん） ………………… 71

キャス・パリューグ …………… 29

窮奇（きゅうき） ……………… 72

吸血鬼（きゅうけつき） ……… 103

クー・シー ……………………… 20

グリフォン ……………………… 44

グリマルキン …………………… 28

ケツァルコアトル ……………… 94

ケット・シー …………………… 26

ケルピー ………………………… 56

ケンタウロス …………………… 93

玄武（げんぶ） ………………… 71

犼（こう） ……………………… 85

黄竜（こうりゅう） …………… 71

コカトリス ……………………… 48

子泣き爺（こなきじじい） …… 55

狛犬（こまいぬ） ……………… 84

渾沌（こんとん） ……………… 73

## さ

座敷わらし（ざしき） ………… 91

サラマンダー …………………… 14

サンダーバード ………………… 49

ジズ ……………………………… 47

シームルグ ……………………… 47

ジャック・オ・ランタン ……… 19

ジャック・フロスト …………… 16

十二支之獣（じゅうにしのけもの） 86

人狼（じんろう） ……………… 102

ズー ……………………………… 46

スクラッチ・トム ……………… 29

朱雀（すざく） ………………… 70

すねこすり ……………………… 24

スフィンクス …………………… 92

青竜（せいりゅう） …………… 71

## た

天狗（てんぐ） ………………… 100

天使（てんし） ………………… 95

橋杌（とうこつ） ……………… 72

饕餮（とうてつ） ……………… 73

トゥルッフ・トゥルウィス …… 36

ドラゴン ………………………… 40

ドン・クールニャ ……………… 37

## な

| | |
|---|---|
| 虹蛇（にじへび） | 77 |
| 人魚（にんぎょ） | 98 |
| 濡れ女（ぬれおんな） | 55 |
| ねこまた | 28 |

## は

| | |
|---|---|
| 獏（ばく） | 74 |
| 白澤（はくたく） | 80 |
| バニップ | 67 |
| バハムート | 60 |
| ハルピュイア | 96 |
| バロン | 82 |
| 貔貅（ひきゅう） | 85 |
| ピクシー | 99 |
| ヒッポカンパス | 67 |
| ヒッポグリフ | 45 |
| 白虎（びゃっこ） | 71 |
| ヒュドラー | 66 |
| ファイヤー・ドレイク | 19 |
| フェニックス | 71 |
| ブラック・ドッグ | 23 |
| フラワー・フェアリー | 18 |
| フリカムイ | 48 |
| ペーガソス | 42 |
| ベヒモス | 36 |
| 鳳凰（ほうおう） | 71 |

## ま

| | |
|---|---|
| 股くぐり（また） | 25 |
| マタゴ | 28 |

| | |
|---|---|
| マンティコア | 34 |
| マンドラゴラ | 90 |
| ムシュフシュ | 78 |
| 夢魔（むま） | 76 |

## や

| | |
|---|---|
| 八咫烏（やたがらす） | 49 |
| ヨルムンガンド | 67 |

## ら

| | |
|---|---|
| ラタトスク | 33 |
| ランダ | 83 |
| 霊亀（れいき） | 71 |
| レヴィアタン | 66 |
| ロック鳥（ちょう） | 46 |

111

**監修** 健部 伸明（たけるべ のぶあき）
1966年青森県生まれ。編集者、翻訳家、ライター、作家。北欧／ケルト神話、悪魔学、モンスター学、映画
評論などを得意とする。日本アイスランド学会、弘前ペンクラブ、特定非営利活動法人harappa会員。主著書
に『幻獣大全Ⅰ モンスター』『幻想世界の住人たち』（共著・新紀元社）、『幻獣最強王図鑑』『ドラゴン最強王図鑑』
（監修・Gakken）、『幻想ドラゴン大図鑑』（監修・カンゼン）、『ファンタジー＆異世界用語事典』（監修・日本
文芸社）、小説『氷の下の記憶』（北方新社）、『メイルドメイデン』（アトリエサード）など多数。

**著者** 高代 彩生（たかしろ あおい）
1979年愛知県生まれ。ライター、イラストレイター、写真家、タロットカウンセラー＆紫微斗数鑑定士、ミ
ニチュア金魚ねぷた作家。旧名義・高城葵での共著書に『花の神話』『樹木の伝説』および『金子一馬画集』シリー
ズのアクマ解説（新紀元社）、作成したゲームシナリオに『キモかわE！』(5pb.)。共作で『プリンセス・プリンセ
ス〜姫たちのアブない放課後』（マーベラス）『未来日記−13人目の日記所有者−』（角川ゲームズ）『I/O』（レジスタ）
などがある。2014年6月に初の個人写真展『みちのくおとめと青森の四季』開催。

**編集協力・デザイン** 合同会社ミカブックス
**イラスト** 砂川蛟（幻獣ってなんだろう？〜2章）／鳥橋Den（3章）／LUXE（4章）
**漫画** 水沢クロマル
**装丁** 柿沼 みさと
**校正** くすのき舎
**参考文献** ホルヘ・ルイス・ボルヘス／柳瀬尚紀 訳『幻獣辞典』河出書房新社
中野定雄、中野里美、中野美代 訳『プリニウスの博物誌』雄山閣
アポロドーロス／高津春繁 訳『ギリシア神話』岩波書店
谷口幸男 訳『エッダ 古代北欧歌謡集』新潮社
Ｗ・Ｂ・イエイツ 編／井村君江 編訳『ケルト妖精物語』筑摩書房
共同訳聖書実行委員会 訳『新共同訳 聖書 旧約続編つき』日本聖書協会
アリオスト／脇功 訳『狂えるオルランド』名古屋大学出版会
高馬三良 訳『山海経 中国古代の神話世界』平凡社
ル・クレジオ原訳／望月芳郎 訳『マヤ神話 チラム・バラムの予言』新潮社
村治笙子、片岸直美『図説エジプトの「死者の書」』河出書房新社
寺島良安／島田勇雄、竹島淳夫、樋口元巳 訳注『和漢三才図会』平凡社
フェルドウスィー／岡田恵美子 訳『王書 古代ペルシャの神話・伝説』岩波書店
坂本太郎、家永三郎、井上光貞、大野晋 校注『日本書紀』岩波書店
中村啓信 訳注『新版 古事記 現代語訳付き』角川書店
森野聡子 編訳『ウェールズ語原典訳マビノギオン』原書房
ほか多数

## 「もしも？」の図鑑　幻獣の飼い方

2024年11月26日　初版第1刷発行

| | |
|---|---|
| 監 修 | 健部伸明 |
| 著 者 | 高代彩生 |
| 発行者 | 岩野裕一 |
| 発行所 | 株式会社実業之日本社 |
| | 【住所】〒107-0062 東京都港区南青山6-6-22 emergence 2 |
| | 【電話】（編集）03-6809-0473　（販売）03-6809-0495 |
| | https://www.j-n.co.jp/ |
| 印刷所 | 三共グラフィック株式会社 |
| 製本所 | 株式会社ブックアート |

© Nobuaki Takerube,Aoi Takashiro,Mikabooks 2024 Printed in Japan　ISBN978-4-408-65116-3（第二書籍）

本書の一部あるいは全部を無断で複写・複製（コピー、スキャン、デジタル化等）・転載することは、法律で定められた場合を除き、禁じられています。
また、購入者以外の第三者による電子複製も一切認められておりません。
落丁・乱丁（ページ順序の間違いや抜け落ち）の場合は、ご面倒でも購入された書店名を明記して、小社販売部あてにお送りください。送料小社負担で
お取り替えいたします。
ただし、古書店等で購入したものについてはお取り替えできません。
定価はカバーに表示してあります。
小社のプライバシー・ポリシー（個人情報の取り扱い）は上記ホームページをご覧ください。